追寻灭绝的动物

追寻灭绝的
动物

[德]伯恩哈德·凯格尔　著　王静　译

中国科学技术出版社
·北 京·

图书在版编目（CIP）数据

追寻灭绝的动物 /（德）伯恩哈德·凯格尔著；王静译 . — 北京：中国科学技术出版社，2023.12
ISBN 978-7-5236-0334-5

Ⅰ.①追… Ⅱ.①伯… ②王… Ⅲ.①古动物—普及读物 Ⅳ.① Q915-49

中国国家版本馆 CIP 数据核字（2023）第 218821 号

版权合同登记号：01-2023-2466

Originally published in German under the title "Ausgestorbene Tiere" by Bernhard
Kegel © 2021 by DuMont Buchverlag, Köln
in cooperation with Staatsbibliothek zu Berlin
Copyright licensed by DuMont Buchverlag GmbH & Co. KG
arranged with Andrew Nurnberg Associates International Limited

**Staatsbibliothek
zu Berlin**
Preußischer Kulturbesitz

策划编辑	徐世新	责任编辑	向仁军	马稷坤
封面设计	锋尚设计	版式设计	锋尚设计	
责任校对	邓雪梅	责任印制	李晓霖	

出　　版	中国科学技术出版社
发　　行	中国科学技术出版社有限公司发行部
地　　址	北京市海淀区中关村南大街 16 号
邮　　编	100081
发行电话	010-62173865
传　　真	010-62173081
网　　址	http://www.cspbooks.com.cn

开　　本	787mm×1092mm　1/16
字　　数	130 千字
印　　张	10.25
版　　次	2023 年 12 月第 1 版
印　　次	2023 年 12 月第 1 次印刷
印　　刷	河北鑫兆源印刷有限公司
书　　号	ISBN 978-7-5236-0334-5/Q·257
定　　价	86.00 元

目录

前言

您知道什么是"末代"吗？不，它们指的不是托尔金（《指环王》三部曲作者）笔下中土世界的居民。这些"末代"是真实存在的，并有着本杰明（Benjamin）、玛莎（Martha）和孤独的乔治（Lonesome George）这样的名字。它们曾经是并且现在仍是可悲现实的一部分。人们甚至还为它们谱写了一首交响乐作品《末代》（2006），由澳大利亚作曲家安德鲁·舒尔茨（Andrew Schultz）创作，正如他自己所写道：这首交响乐源于"一种从地球表面消失而无法估量的遗憾和悲怆"。

这种感觉我再熟悉不过。20年前，在新西兰普卡哈山布鲁斯国家野生动物中心的土地上，我的感受尤为强烈。那是一个杂草丛生的围场，4只不会飞的棕色小鸭子在草地上蹒跚而行——它们是世界上最稀有的鸟类之一。它们是濒危种群的一部分后代——尚存的40只坎贝尔鸭中的4只，当年，它们的存活令人欣欣鼓舞。它们在植株间不紧不慢地翻找、觅食，远离它们在亚南极的自然栖息地，丝毫看不出它们这个物种命悬一线，这让我深受触动。

末代指一种物种的最后一个个体。1996年，这个词第一次出现在权威科学杂志《自然》上，严格来说，这个单词没有复数形式，因为末代通常是生活在动物园内物种的最后一个个体，比如澳大利亚袋狼本杰明（Benjamin）可能就算是最著名的末代了（第48页），现在仍然存在关于它的影像记录。最后一只北美旅鸽玛莎（Martha）至少还留下了照片（第88页），而最后一只卡罗莱纳长尾小鹦鹉甚至连照片都没有留下（第92页）。

于是，安德鲁·舒尔茨这样的澳大利亚艺术家对末代颇感兴趣也就不足为奇了。澳大利亚人比其他任何地方的人都更清楚物种灭绝意味着什么，因为 1500 年以来已经绝种的所有哺乳动物物种中，有 1/3 都生活在澳大利亚。自从 700 年前人类登陆后，其邻国新西兰已经失去了一半的珍稀鸟类。一个国际研究小组根据遗传数据计算得出，进化需要 5000 万年才能重建这种失去的多样性。

　　就像安德鲁·舒尔茨的作品一样，本书旨在哀悼野生动物世界已经蒙受的损失。本书选定了 50 种灭绝的动物，通过学者和艺术家的视角进行观察，赞美它们已然不复存在的美丽与优雅。书中的插图都来自柏林国家图书馆收藏的历史性绘画作品，其中一些是出自当时最著名的动物画家之手。约翰·古尔德（John Gould）或约翰·詹姆斯·奥杜邦（John James Audubon）等已经通过他们的不朽作品（如《澳大利亚哺乳动物》或《美国鸟类》）突破了专家圈子而广为人知。

　　无论是在地理起源还是所展示的动物种类方面，我们试图使选择尽可能多样化。除了少数例外，这里介绍的大多数动物物种都曾被早期人类目睹过。恐龙并不包括在内，本书讨论的主题并非大灭绝事件，只会提及公元前 1500 年在一些北极岛屿上生存的猛犸象。隐鹮和斯皮克斯金刚鹦鹉这两个物种条目被记录为"仅"在野外绝种，或已变得非常稀少，但广泛的重新安置计划正在实施中，结果尚未可知。

　　本书的重点是在过去 500 ~ 1000 年间实际上已经灭绝的动物物种，其中大部分为哺乳动物和鸟类。对于其他动物的描绘，尤其是数量更多的无脊椎动物，则相对较少。在这一时期，必须始终在新兴人类活动的背景下来看待动物绝种问题。事实上，没有一个已知的动物物种在这一时期完全因为没有人类参与的"自然"原因而灭绝。事实上，即使这些末代动物在动物园里享受着奢侈的生活直到死亡，也不能掩盖这样一个事实：是人类把它们的物种带入了这种灾难性的境地。

在欣赏这些图片时，读者应该意识到，许多图片是在这些物种仍然存在的时候留存的，当时的人们无法预见它们的命运。生活在19世纪上半叶的奥杜邦怎么会知道，他画里那个当年仍大量存在的北美旅鸽，仅仅在100年之后就一只都不复存在了？

我们在这里展示它们，并不是为了让这些壮美的生物复活，而是要将它们铭记在心，并联想到许多其他濒临灭绝的生物。这是我们至少可以为它们做的事情，愿它们的命运能提醒和激励我们在力所能及的范围内防止物种的进一步灭绝。

对于前言开头提到的坎贝尔鸭（*Anas nesiotis*）来说，它们的物种命运表明，果断的行动可以拯救濒危的物种。因为20年前人们不敢奢望的事情已经发生了：小鸭子们成功地得以幸存，在坎贝尔岛因使用毒药而消灭了世界上最密集的老鼠种群之一后，这些重获自由的鸟类现在又回到了它们古老的亚南极家园，也许它们是我当时看到的那4只小可爱的后代。目前野生坎贝尔鸭的数量估计超过500只。

什么是物种灭绝

"背景性灭绝"和大规模绝迹

伴随着最后一个个体的死亡，一个又一个物种消亡了，这是它们难以逃脱的厄运。因为地球上普遍存在的生存条件在不断变化，留给动植物物种的时间不多了。然而，这种所谓的"背景性灭绝"无时无刻不在发生，不过它仅会影响到动物和植物世界的一小部分：在 1000 年的时间内，大约 1000 个物种中有 1 种会这样销声匿迹。通常，新出现的物种至少会弥补这种物种损失。

全球环境很少发生强烈的火山爆发或者陨石撞击这样的宇宙性灾难，导致当时存在的大部分动植物由于如此迅速和剧烈的环境变化而消亡。然而，物种灭绝的速度正在加速到"正常"水平的 10 ~ 100 倍。这个数字在今天的人类世界甚至更高。

大约 2.5 亿年前，发生了化石记录中证明的五次大规模灭绝事件中最严重的一次灭绝，当时存活的动物和植物物种灭绝了 95% 以上，这就是二叠纪和三叠纪之间的大灭绝，标志着地质学中地球古生代的结束。早在 4.45 亿年前的奥陶纪末期，85% 的物种就已经灭绝了。而在 2.52 亿年前，也就是三叠纪结束后，物种灭绝波及了超过 70% 的动物，包括几乎所有的大型爬行动物和两栖动物，除了一些海洋蜥蜴和陆地上的恐龙与翼龙。但这些幸存者也并非一直那么幸运。6600 万年前，当一颗直径达 10 千米的小行星撞击了现在的墨西哥时，恐龙的生命便走到了尽头。与恐龙一起灭绝的还有菊石类，以及 2/3 的鸟、4/5 的蜥蜴和蛇类及 2/3 的哺乳动物。如果不是因为这些全球性灾难，今天的地球上野生动物的面貌将完全不同。"大多数时候，物种面临的绝种风险很低，"美国著名古生物学家大卫·劳普（David Raup）在评论这些事件时总结说："长时间的相安无事与恐慌动荡交替出现。"当然，古生物学家们最感兴趣的还是那些动荡的时刻。

这些断层极富戏剧性。尽管如此，我们星球生物多样性中最深的伤口也依然会愈合。当然，这一过程需要很长很长的时间。在几百万年后的某个时刻，地球上的植物和动物物种的数量还会再次达到之前记录的水平——而且会继续攀升，每次都会达到新的高度。

物种的寿命有多长？

尽管现在地球上居住的不同生物比地球历史上任何时候都多，但更多的生物物种已经灭绝。据估计，地球上曾经存在过的植物和动物物种的数量至少有 40 亿个；一些科学家认为这个数字还要多得多。然而，有一点很清楚，它们其中 99% 以上的物种已经灭绝了。各个物种之间的寿命差异很大。有些菊石亚目的动物只存在了几十万年，而马蹄蟹等玛土撒拉物种则有几亿年的历史，它们在这段时间几乎没有变化，仍然作为活化石存在。对于大多数物种，包括大多数哺乳动物来说，其寿命可能是几百万年。

如果一个物种灭绝了，这并不一定意味着属于其血统的所有个体都必须死亡。一个物种也可能通过分裂成两个或更多的新物种而灭绝，例如通过地理上的分离，或者它在形态上发生的变化足以让科学家给它一个新的名字，并认定它为一个新物种。杂交也可以导致两个物种合并，或者让一个物种归化到另一个物种内，例如我们所担心的北美的北极熊和灰熊的情况。

拉撒路效应

有的时候，那些被认为已经消失的物种在多年后会突然重新出现，因为它们能够在混乱环境中的某个地方生存下来——这就是所谓的拉撒路效应。因此，一种物种是否已经灭绝的问题绝对称不上微不足道。如果我们发现一具大型骨架的化石具有当今任何动物都不具备的特征，就可以非常肯定地认为该物种及其大部分亲属已经灭绝了。但即使在这种情况下，也不能排除出现意外的可能。

一个原始的鱼群——著名的腔棘鱼（矛尾鱼）给我们提供了一个叹为观止的例子，曾经它们被判定在约 7000 万年前的白垩纪就已经灭绝了。直到南非一家海洋博物馆的馆长玛乔丽·考特尼－拉蒂迈（Marjorie Courtenay-Latimer）在她的朋友亨德里克·古森（Hendrik Goosen）船长 1938 年的渔获中注意到一条她以前从未见过的鱼——一条巨大的、不同寻常的、闪闪发光的蓝色鱼。半个世纪之后，在生物学家汉斯·弗里克（Hans Fricke）的领导下，一个来自马克斯·普朗克行为生理学研究所的德国研究小组甚至在印度洋科摩罗群岛附近的自然栖息地拍摄到这些动物。随后，人们又在苏拉威西岛附近追踪到了第二个活着的腔棘鱼物种。

很明显，诸如此类的发现使一些隐秘动物学家产生了一种"生生不息"的信念，即在早期地质时代，幸存下来的暴龙或其他生物仍然栖息在苏格兰的尼斯湖或刚果。雪人或它的美国同类大脚怪是一种大型史前猿类吗？这确实是一种非凡的感觉，会激励每一位生物学家继续科研。不过，令人遗憾的是，没有令人信服的证据证明这一点。

生存还是毁灭——这是今天的问题

虽然确定过去地质时代的物种灭绝通常没有问题，但对于当今动物世界的代表来说，情况却大不相同。由于世界大部分地区以及人口稠密的中欧或北美尚未进行动物学研究，因此，对许多珍稀动物物种的问题是：它们仍然存在还是已经消失了？今天，像袋狼甚至白犀牛那样大小的动物很难长时间躲避人类生存；但对于更小、更不起眼的物种来说，情况并非如此，而它们在动物王国中占有最大的比例，并且具有重要的生态意义。

不久前，人们在印度尼西亚南加里曼丹省的热带雨林中重新发现了黑眉鸫。在达尔文的时代，也就是 19 世纪 40 年代，德国博物学家卡尔·施瓦纳（Carl Schwaner）"收集"到了这种鸟；10 年之后一个法国人把这种鸟描述成一个单独的物种，于是，这些体形堪比椋鸟的毛皮标本最终进入了博物馆的抽屉里。从那以后，再也没有在野外看到过它们的同类——直到 170 年后的近代，两名印度尼西亚村民发现了这种从来没有见过的鸟。现在我们知道了，当时在博物馆的标本中插入的玻璃眼睛的颜色是错误的：它们的眼睛不是黄色的，而是深红或红棕色的。

黑眉鸫并不是一个特例。根据 2011 年的一项研究，在过去的 120 年里，超过 350 种被认为已经灭绝的哺乳动物、鸟类、爬行动物和两栖动物"死而复生"，其中大部分生活在热带雨林。从它们被认为灭绝到令人惊讶地重生，整个过程平均经过了 61 年。只要大面积的连片森林地区仍然存在，我们就不应该放弃希望，特别是在热带地区。自 2011 年的那项研究报告发表以来，这些动物的名单变得更长了——但它们非常难以寻找、非常罕见，以至于它们在重新被发现后不久就被列为濒临灭绝的动物。

什么时候认定物种灭绝？

在这种情况下，人们怎么能确定一个动物物种真的灭绝了？答案就是：无法确定，虽然这不尽如人意，但可能却是唯一的答案。特别是在热带地区和广袤的海洋中，我们几乎不可能通过合理的努力来证明一个物种已经灭绝；其余的不确定性也始终存在。

因此，我们必须谨慎而务实地开展工作，而这正是总部位于瑞士日内瓦湖畔格朗的世界自然保护联盟（IUCN）正在做的事情。它是世界范围内关于濒危动物物种发现和数量的信息汇集地，可以说是"正式"判定生物绝种的地方。它的工作原则基于以下定义：

对"一个生物分类单元"，或者说一个物种、一个属或一整个生物家族而言，"如果可以肯定其最后一个个体已经死亡时，这个物种就已经灭绝了。如果在适当的时间（昼夜、季节、年度）对已知和／或疑似栖息地进行彻底调查，但未能在其历史分布区内发现任何个体，则认为该生物分类单元已经灭绝。调查研究应涵盖一个与该生物分类单元的生命周期和生活方式相一致的时间窗口。"

对于许多物种，特别是对于庞大的陆生和水生无脊椎动物大军，我们没有足够的数据来做一个确切的评估。虽然许多物种已经几年甚至几十年没有出现过了，但世界自然保护联盟并没有把它们列入"绝种"（EX-Extinct）名单，因为长期以来没有人真正在正确的地点和正确的时间彻底地寻找过它们。我们根本不知道它们是否还有稳定的种群，或者至少是零星的幸存者，而且，除非与之有关的栖息地完全退化或被破坏，我们也不太可能有把握地知晓进一步搜索有无必要。

绝种的原因

　　动物物种灭绝的原因多种多样。一个历久弥新的问题是，为什么没有那么多的大规模灭绝事件。当全球灾难将地球上的大部分地区变成地狱时，动物和植物界成千上万个物种不可避免地被灭绝。人们不得不提出这样一个疑问：在这种情况下，为何有的生物能在这样的地狱绝境中生存下来，并基于足够的种群数量开始缔造一个成功的新起点。在墨西哥曾经遭受的那次小行星撞击中，比猫更大的陆地动物都没能得以幸存。

　　然而，由于其他原因，今天生活的动物物种正面临着灭绝的威胁。对于这些原因的深入研究非常重要，因为我们只有在准确了解濒危动物的生活条件和需求的基础上才能成功地保护自然与物种。归根结底，我们自己的福祉也取决于此，因为生物多样性赋予生态系统稳定性和复原力，使它们能够提供宝贵的服务，使我们的生存从根本上成为可能：它们为我们提供清洁的空气、清洁的水、健康的土壤、木材、食物、休息场所，等等。

　　以下的短篇文章和绝种故事有一个共同点：人类一直参与其中。要么直接参与，例如作为猎人或渔民；要么间接参与，例如改变动物的栖息地、破坏森林或引入猫、狐狸或老鼠等外来动物。

　　在动物绝种之前总会有一个较长的种群个体数量下降阶段：死亡的动物比出生的动物要多。当然，种群个体数量的波动是一个正常现象。"子孙满堂"的好年景会弥补那些"后代稀少"的时期。然而，如果这种负面的趋势持续较长时间，例如因为出现了其他物种长期扮演优势竞争者或捕食者的角色，那么这种发展不可避免地会导致该物种的灭亡。这也适用于那些曾经非常常见的动物。本书中展示的许多物种都属于这种情况。它们的"死亡天使"是人类。

　　种群数量个体减少和最终绝种的原因不一定相同。气候的变化、猎人或捕食者可能使一个物种减少到几个小的残留种群，但最终导致它们灭绝的往往是一场森林大火、一场洪水、一场飓风或仅仅是一个偶然事件。

由于多个原因，小规模的种群特别容易受到影响。它们一般基因贫乏，因为随着许多个体的死亡，许多遗传变异体也会丢失。此外，由于许多动物的个体数量如此之少，相互之间的关系也会发生近亲繁殖效应。不利的基因在越来越多的同源个体中积累和表达。该物种的适应性和复原力被进一步削弱。

地球上最后一头长毛猛犸象就是一个令人印象深刻的例子。它们在大陆上的同类已经灭绝；然而，冰川融化后，海平面上升，使岛屿上的小型残存种群被隔绝。只有几百只长毛猛犸象生活在俄罗斯的弗兰格尔岛上，于是，它们中间很快就出现了明显的近亲繁殖的迹象。现代分子遗传学研究能够发现它们的遗传缺陷，这些缺陷影响了精子质量，从而影响了公象的生育能力。此外，它们也更容易患上糖尿病，嗅觉受损。

尽管如此，最终可能还是智人们决定了它们的命运。弗兰格尔岛猛犸象的灭绝正好与人类存在的最早迹象相吻合。

哺乳动物

　　它们是我们动物学意义上的"兄弟姐妹"和"表亲"。哺乳动物主要生活在陆地上，少数也生活在淡水和海水中；其中的蝙蝠甚至占领了天空。哺乳动物中的大象和鲸鱼代表了当今存在的最大的陆地和海洋动物，而蓝鲸甚至是有史以来最重的动物。

　　哺乳动物起源于中生代早期，它们是与恐龙同时代的动物，但在 6600 万年前恐龙灭绝后才开始进化（2021 年 12 月发表的最新研究成果证明，现代胎盘类哺乳动物的祖先，出现在恐龙大灭绝之后。——编者注）。它们的共同点是拥有隔热的皮毛，幼体从母体中汲取营养液——乳汁，而这种营养液由雌性动物的特殊腺体产生。除了单孔目动物（鸭嘴兽和针鼹），所有哺乳动物都是胎生动物。

　　到目前为止的记载，哺乳动物已经发展出 6554 个物种，但新的物种仍在不断被发现，甚至包括猴子、野牛和貘等大型动物。在近代（自公元前 1500 年）已经有 103 个物种遭遇灭绝。

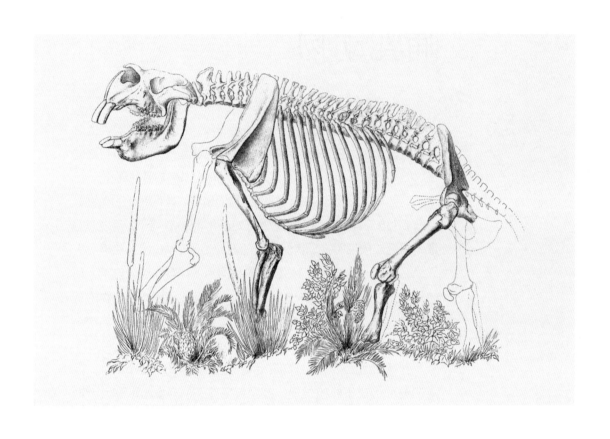

巨型袋熊
Diprotodon optatum

同族关系
有袋动物（Marsupialia）
中的双门齿目

分布
澳大利亚萨胡尔

绝种
44000 ~ 25000 年前

绝种原因
气候变化，猎杀？

插图
版画，1877 年

巨型袋熊的体形堪比犀牛，光是头骨就能达到一米长。因此，巨型袋熊被认为是有史以来最大的有袋动物。与它的近亲袋熊相比，两者的类似点不只在于它们紧凑结实的体形和短小的柱状腿——巨型袋熊的袋在身体末端也同样呈开放式。

就像许多具有明显性二态的哺乳动物一样，雄性巨型袋熊可能是独居动物，而体形要小得多的雌性巨型袋熊则属于群居动物。最近对巨型袋熊牙釉质同位素的分析显示，它们 2 ~ 3 吨的体重并没有阻止其进行广泛的迁徙。由于冰川冻住了大量的水，地球上当时的海平面很低；在澳大利亚、新几内亚和塔斯马尼亚形成了一种独一无二的陆地——"萨赫尔（Sahul）陆棚"。在这块大陆的东部，这些体形庞大的动物每年要跋涉约200 千米。因此，它们是有史以来唯一一种进行季节性迁徙的有袋动物。它们在路上以硬邦邦的植物为食，用向前突出的门牙将其撕碎。与啮齿类动物一样，它们的牙齿在一生中随着进食磨损，然后又不断地生长出来。

除了猎杀巨兽并将它们记录在岩画上的原住民之外，这些巨兽是否有敌人？是的，它们的确还有一些天敌。巨型袋熊最主要的捕食者被认为是古巨蜥——一种身体长达 6 米的巨蜥。据推测，古巨蜥可以像今天的科莫多巨蜥一样用遍布细菌的毒牙咬死猎物。

长毛猛犸象
Mammuthus primigenius

这种毛茸茸的大家伙对所有孩子来讲都算不上陌生。史前动物中除了少数例外，比如最主要的恐龙，只有猛犸象能够在人们的幻想世界中保持生命力——毕竟尺寸很重要，最大的猛犸象肩高竟然达到了惊人的4.5米，更不用说它们足足有1米长的象牙。

猛犸象是真象科的一个属，大约在500万~600万年前诞生于非洲。有几个亚种从非洲迁徙到欧亚大陆和美洲定居。乔治·居维叶（Georges Cuvier，1769—1832）认识到，猛犸象与亚洲象的关系比与非洲象的更密切，最近的一些分子生物学证据已经能够证实这一点。而那些红褐色且毛茸茸的大家伙只是最后一种、也是最著名的一种猛犸象——长毛猛犸象，它们栖息在北半球基本没有树木的寒冷草原上。在那里占主体地位的猛犸草原是永久冻土上的草原和苔原植被的混合体，今天已不复存在，因为当时几乎没有木本植物，我们现在很难复原猛犸草原的结构。长毛猛犸象在大约1万年前灭绝了。然而，在金字塔动工建造之前，有记录表明在北极的弗兰格尔岛和普里比洛夫群岛上生活着一些零星的猛犸象。它们有可能被人类所消灭；而大陆上的猛犸象是否也遭受了同样的命运，目前尚有争议。

在西伯利亚的永久冻土层中曾经发现了几具保存完好的猛犸象尸体，因此该绝种生物的第一个基因组序列得以在2008年公之于众。该基因组序列的完整度已经达到了70%（另见第100页及之后的内容）。

同义词
长毛象、猛犸

同族关系
长鼻目中的真象科

分布
北欧亚大陆和北美洲

绝种
在我们这个时代大约10000年前，最后一个生活在岛屿上的种群个体在4000~6000年前灭绝

绝种原因
气候变化，猎杀？

插图
单色版画，1893年

洞熊
Ursus spelaeus

同族关系
熊科（Ursidae）

分布
欧洲

绝种
大约 28000 年前

绝种原因
栖息地破坏，猎杀？

插图
彩色光刻版画，1902 年

几千年来，熊在冬天都需要回到山洞里冬眠，相当多的熊在这个过程中死去。这就是为什么它们的骨头会在洞里堆积如山；例如，在奥地利施蒂利亚州的龙洞里发现了几千只熊的遗骸。否则，洞熊可能会像它的现代亲戚一样四处奔走寻找食物，为漫长的寒冷季节建立食物储备。如图所示，大象可能不属于它们的猎物范围，但洞熊可是个体形巨大的家伙。它们重达 1 吨，身长 3.5 米，比今天的纪录保持者——生活在阿拉斯加沿海岛屿上的科迪亚克熊要大得多，也要重得多。

与此同时，人们对来自欧洲各地的洞熊化石进行了遗传学研究。事实证明，与人们长期以来所认为的相反，冰河时代冰川的最后一次推进可能不是它们灭绝的原因，因为它们的遗传多样性在早期的寒冷阶段几乎没有受到影响。相反，它们的丧钟早在 5 万年前就敲响了。之后，洞熊在大约 4 万年前加速绝种，远在冰期开始之前。这正是现代人类足迹遍布欧洲的时候。人类拥有足以与熊匹敌的武器，并将熊的睡穴据为己有。

不过，洞熊并没有完全消失。它的一部分血脉在棕熊中得以延续。今天，棕熊的基因组中有高达 2.4% 的 DNA 来自洞熊。

巨型树懒

Megatherium americanum

今天的树懒生活在树上，但它们只是一个曾经更加多样化动物群体的遗珠。它们最著名的代言人无疑是《冰河世纪》这部电影中喋喋不休、令人生厌的明星——希德（Sid）。和希德一样，这些巨型树懒大多生活在地面上，这些大象般大小的巨兽，无须攀爬就能够到树梢。

乔治·居维叶有幸观看并描述了来自阿根廷的第一具巨型树懒的骨架。这位著名的解剖学家有没有惊叹不已？巨型地懒是一种哺乳动物，用后腿站立时，它会比霸王龙还要高大：长达6米，重达6吨。它的牙齿排列整齐，完全同源，也就是说其牙齿形状统一，属于食草动物的牙齿。尽管如此，一些研究人员认为，它也借助于其强大的爪子来吃新鲜的肉或腐肉。

在很长一段时间里，冰河时代末期的气候变化被指为巨型树懒灭绝的罪魁祸首。有人认为，行动迟缓的哺乳动物适应能力较差。然而，它们却在几次气候变化中幸存下来，其中一个巨型物种甚至设法跨越了280万年前在两个美洲之间建立的新陆桥，最远来到了美国的新泽西。巨型树懒还通过另一座陆桥——现在被淹没的阿维斯山脊，迁居至波多黎各、伊斯帕尼奥拉和古巴。所有这些证据说明它们的适应能力并不低。那么，是人类终结了巨型树懒及其同族动物吗？

同族关系
属于披毛目（Pilosa），包括树懒和食蚁兽

分布
北美中部和南部

绝种
11000~8000年前

绝种原因
气候变化，猎杀？

插图
单色版画，1893年

巨狐猴

Megaladapis madagascariensis

除了澳大利亚，地球上没有哪个国家拥有像马达加斯加这样独立的哺乳动物群，毕竟马达加斯加已经与世隔绝了数百万年。几乎所有的本地物种（100 个左右）都是地方性的，即只分布在这个世界上的第四大岛上。最著名的是狐猴，它们以前被称为"原猴"。

有些狐猴以前的身形相当大。古大狐猴（*Archaeoindris*）有大猩猩那么大；这里图中显示的巨狐猴（*Megaladapis*）也一样十分巨大。在马达加斯加的不同地区生活着三种巨狐猴，它们的身高和体重看上去和人类少年一样。这些动物的生活方式和运动方式与考拉类似，是专门的食叶动物，它们生活在树上，用长而有力的手臂紧紧抓住树干。很少能在地面上看到它们。它们举止相当笨拙、缓慢和谨慎，可能与这里出现的观鸟爱好者有着天壤之别。

在过去的几千年里，除了巨狐猴，还有十几种其他狐猴物种灭绝了——原因尚不清楚。它们的体形都比自己活着的近亲们大得多，可惜在生态系统中留下了空白。马达加斯加的植物区系中有许多物种的种子很大，可现在它们被视作"孤儿"，因为为其传播种子的猴子消失了。事实上，这些植物仍然存在可能是由于它们年代久远，风暴偶尔会帮助传播它们的种子。在一个没有大型狐猴的世界里，它们是否能够长期生存下去，还有待观察。

同义词
巨型狐猴

同族关系
属于原猴亚目（Strepsirrhini）的狐猴型下目（Lemuriformes）中已灭绝的鼬狐猴科

分布
马达加斯加

绝种
约 1500 年

绝种原因
栖息地破坏、气候变化、猎杀？

插图
彩色光刻版画，1902 年

乔治·居维叶和他的"大灾变理论"

今天，大家言必称"大灾变理论"，但我们必须要先发现生物会绝种的事实，并且必须在巨大的阻力下坚持这一认识。直到 19 世纪上半叶，一直占据主导地位的是一种由基督教会塑造的世界观，其认为动物和植物物种不会绝种。因为生活在这个世界上的一切——从草履虫到蓝鲸，从雏菊到红豆杉，都是上帝的杰作，上帝的每一个造物都完美无瑕、相互适应、美妙和谐。因此，人们无法想象上帝创造的生物会绝种。从教会的角度来看，毫无疑问，世界看起来与上帝所创造的一模一样。

而著名的法国解剖学家乔治·居维叶为这一刻板理论带来变革。他出生于当时符腾堡州的蒙佩尔加德，在斯图加特的霍恩－卡尔森学院学习。他从小就对自然历史研究感兴趣。作为巴黎国家自然历史博物馆的教授，他后来收集了欧洲最重要的

解剖学收藏品之一，并成为古生物学学科的创始人。

这对于他今天的同行来说是不可想象的，但当时像居维叶这样的比较解剖学家可以享誉世界。他在古生物领域最重要的贡献近在眼前——在所谓的巴黎盆地，他和自然科学家亚历山大·布龙尼亚（Alexandre Brongniart）对其地质分层进行了 25 年的认真研究。这是一个在数百万年前沉降的地区，几乎包括了整个法国北部，也包括比利时和英格兰南部的部分地区，这里沉积了几千米厚的沉积物层。居维叶意识到，该盆地曾多次被海水冲刷，因为在连续的地层中发现了那些带有奇怪的陆地动物遗骸和海洋沉积物的交替出现。各层的化石差异很大。在每一次海洋冲刷之后，动物界都发生了变化，具有了新的特征。而较老的物种便消失了——

灭绝了。在英格兰出土的巨大史前生物的骨骼也是如此。显然，曾经有一段时间，强大的爬行动物在陆地和海洋上统治着地球。而它们也从地球的表面消失了。

居维叶拒绝承认物种变迁，但他也没有假设上帝在每次洪水之后都会进行新的创造。相反，他假设一些物种在偏远地区幸存下来，然后水被排走后重新在盆地内定居。

居维叶据此提出了他著名的"灾难论"或称"大灾变理论"，并很快收获了许多追随者。根据这一理论，在地球的历史进程中曾多次发生毁灭性的灾难，使当时生活的许多动物灭绝，这样的情况不仅在巴黎盆地发生过。因此，他的理论与达尔文的朋友、苏格兰人查尔斯·莱尔（Charles Lyell）的观点相反，后者假设物种在不断变化。这位法国人令他笃信上帝的同行

们大为难堪，他们现在怎么解释上帝一而再、再而三地允许自己的造物被破坏？这是否意味着物种们远非完美，而是有缺陷？他们试图证明，居维叶提到的最后一场灾变与《圣经》中提到的洪水是一回事。

居维叶的理论后来被查尔斯·达尔文的进化学说所取代。然而，今天全球性的灾难对生物的发展产生了重大影响，这一点在学术界无可争议。

西欧野牛
Bos primigenius

同义词
原牛

同族关系
牛科（Bovidae）
中牛属（*Bos*）

分布
欧洲、亚洲

绝种
约 1627 年，在波兰雅克托
罗夫的森林中

绝种原因
栖息地破坏、狩猎

插图
铜版画，手工上色，1846 年

欧洲也曾有野牛出没。虽然在动物园和围栏里饲养了 12 只欧洲野牛（*Bos bonasus*），从而令它们避免了绝种的命运，但与它们体形大致相同且曾经在许多地域中广泛分布的西欧野牛在 400 年前就灭绝了。但是，它被认为是家牛的祖先，并且一定程度上在过着驯养生活的牛科动物身上得以延续。在现代的重建构图中，它与西班牙斗牛类似，特别是其向前突出的牛角和公牛黑色的被毛。

人类的足迹在欧洲越走越远，可野生西欧野牛却在慢慢退场，以避免来自狩猎者的抓捕。恺撒在《高卢战纪》中写道，在低山山脉中出没着几乎大象般大小的野牛，它们是日耳曼部落的一种猎物。但西欧野牛慢慢走上了下坡路，在巴伐利亚，最后一只西欧野牛早在 1470 年就被杀死了；这种动物在波兰存活的时间最长——那里在 16 世纪末将仅存的一群西欧野牛保护了起来。但它们的栖息地却在缩小。由于缺少食物和偷猎，压力过大的公牛在争斗中自相残杀，导致其种群个体数量进一步下降。到了 1620 年，只有一头西欧野牛还活着。

多年来，几个项目一直致力于通过所谓的形象化育种来生产与西欧野牛相似的牛种。西欧野牛比今天的家牛更苗条、更敏捷，躯干更短，腿和嘴会更长一些。

蓝马羚

Hippotragus leucophaeus

同族关系
牛科（Bovidae）
马羚属（*Hippotragus*）

栖息地
南非西南部

绝种
约 1800 年

绝种原因
气候变化、猎杀

插图
铜版画，手工上色，1846 年

蓝马羚因其蓝灰色的皮毛而得名，在 1800 年灭绝后，16 只幸存蓝马羚的标本保存在欧洲和南非的 11 个博物馆中。或者说，至少人们是这么认为的。直到最近，一个国际研究小组开始对这些所谓的蓝马羚皮、角和头骨碎片进行更仔细的基因检查。结果令人震惊：在接受检查的 10 具标本中，只有 4 具来自蓝马羚，其他 6 具属于今天仍然存活的马羚羊和黑貂羚羊。这三个物种因其颈鬃毛而被归类为罗安羚羊。蓝马羚是非洲第一个也是唯一一个在历史时期灭绝的大型哺乳动物物种，因此在博物馆中的展示很少，甚至没有一个完整的头骨被保留下来。

那些以狩猎为乐而灭绝动物的欧洲定居者们显然并非要收集博物馆的藏品，而是有其他想法。然而，当他们到达时，他们发现曾经在南非许多沿海平原常见的蓝马羚所剩无多，估计一个种群有 370 只。在冰河时代的寒冷时期，这些平原一直很干燥，不单单为蓝马羚提供了充足的食物。但在温暖的时期，这些平原被洪水淹没，蓝马羚被迫进入次优区域求生，并分裂成小的亚种群。来自放牧牲畜的竞争和密集的狩猎进一步减少了这一种群的个体数量，直到它们赖以生存的那根越来越细的救命稻草最终断裂。

斑驴

Equus quagga quagga

同族关系

属于奇蹄目（Perisso-dactyla）中的马科（Equidae）

分布

南非

绝种

19 世纪 70 年代于野外

末代

无名，于 1883 年 8 月 12 日在阿姆斯特丹的阿蒂斯动物园去世

绝种原因

狩猎

插图

铜版画，手工上色，1846 年

非洲斑驴在蓝马羚（第 32 页）灭绝后的几十年绝种，根据研究进展，现在认为它是平原斑马（*Equus quagga*）的一个亚种，主要分布在奥兰治河以南。它的腹部和后半身的条纹大大减少，它的腿是浅色的。据说，斑驴直到 16 世纪和 17 世纪还大量存在，这些动物被描述为"绝世美丽和气宇轩昂"。然而，像蓝马羚一样，它们被认为是山羊和绵羊的竞争对手，可为定居者提供肉食和皮毛，后来人们为了取乐，将它们成千上万地猎杀——直到它们灭绝。

对斑驴条纹的用途目前尚有争议，人们也一直在激烈争论为什么斑驴与其他斑马品种不同，它们身上的条纹图案比其他品种少和浅。最近的研究表明，这些条纹的作用与其说是伪装，不如说是在抵御寄生蝇方面发挥了关键作用，特别是传播动物疾病纳格纳虫病（会传染给人类，称为昏睡病）的采采蝇。采采蝇在以前的斑驴栖息地南非并不存在，因此条纹的防虫效果在这里实际上是多余的。

斑驴保护项目正试图从南部平原斑马中培育出一种被毛图案有所减少、类似斑驴的生物，然后再将其释放到野外。然而，这些动物只是一个复制品种，是对原始品种的一种模仿，因为斑驴确切的遗传特征已无可挽回地丢失了。

欧洲野马

Equus ferus

所有专家都同意欧洲曾经分布有野马。但它们是什么样的动物，只存在一个物种还是有几个物种？从生物学的角度来看，欧亚马的世界呈现出一种难以解开的混乱局面。首先是家养马，有驯化和野生的两种形式。然后是著名的普氏野马和如图所示的欧洲野马，这是一种中等大小的马，耳朵很尖，被毛颜色多为灰色，鬃毛卷曲。两者都被认为是野马；然而，最近的遗传学研究表明，普氏野马是5000多年前被驯化物种的后代，然后又变回了野马。所有这些马相互杂交生育了可育后代。

目前仍然没有关于欧洲野马的遗传数据——据说有一种草原野马和一种森林野马的数据形式——因为其几乎没有留下任何遗迹，甚至连这个名字的由来都没有得到澄清。但事实上，这一物种确实曾经生活在欧亚大陆上，这一点得到了18世纪探险家们大量报告的证实，例如塞缪尔·戈特利布·格梅林（Samuel Gottlieb Gmelin）和彼得·西蒙·帕拉斯（Peter Simon Pallas），他们都曾前往东欧并最终成为俄罗斯科学院的成员。

欧洲野马生活在由一匹种马带领的小种群中，长期以来一直被猎杀。后来，它们与人类发生了冲突，抢夺人类的干草包，并多次"劫掠"家养母马。于是，它们不得不为此付出沉重的代价。

同族关系

奇蹄目（Perissodactyla）
中的马科（Equidae）

分布

欧亚大陆

绝种

大约在1880年的野外

绝种原因

栖息地破坏、狩猎

插图

铜版画，部分手工上色，
1843年

Col. H. Smith del.   Lizars sc.

福克兰群岛狼

Dusicyon australis

1833 年，正是查尔斯·达尔文在乘坐"小猎犬"号航行时发现了福克兰群岛狼。令人惊讶的是，这种动物是马尔维纳斯群岛唯一的原生哺乳动物物种，体形是赤狐的 2 倍。这位伟大的自然科学家报告说，这些动物很常见。由于岛上有许多海鸟筑巢，福克兰群岛狼在这里养尊处优，只是，它们如何在冰冷的冬天生存下来仍然是个谜。

即便如此，达尔文对它们的未来也不抱希望。福克兰群岛狼面对人类非常天真，人们甚至可以用一根棍子把它们打死，达尔文担心它们很快会像渡渡鸟一样灭绝（第 68 页）。事实证明，他是对的。以养羊为生的定居者们花了 42 年时间才永远摆脱了这种恼人的夺食者。

首要问题是，这些福克兰群岛狼是如何到达这些岛屿的。到达大陆要在海洋上跨越 400 千米，而被认为是福克兰群岛狼近亲的鬃狼只分布在更北的地方。然后，研究人员想起了 3000 年前灭绝的伯梅斯特狐狸，它们曾经在火地岛和大陆上生活过。遗传分析表明，福克兰群岛狼在 16000 年前，即在最后一个冰河时期才与之分离。那时，由于当时海平面较低，福克兰群岛和大陆之间的大岩石台地从水中升起，被相对狭窄的海峡分隔，这些海峡会在冬季结冰。福克兰群岛狼可能只是步行而来。不过，它们后来再也回不去了。

同义词
福克兰狐、南极狼

同族关系
食肉目中（Carnivora）的
犬科（Canidae）

分布
福克兰群岛

绝种
1876 年

绝种原因
栖息地破坏、狩猎

插图
平版印刷，手工上色，
1890 年

佛罗里达红狼

Canis rufus floridanus

同义词
东部红狼、佛罗里达狼

同族关系
食肉目（Carnivora）中的
犬科（Canidae）

分布
佛罗里达州及邻近的美国
各个联邦州

绝种
大约 1917 年

绝种原因
狩猎

插图
平版印刷，手工上色，
1845 年

红狼（*Canis rufus*）与灰狼（*Canis lupus*）密切相关。然而，它的身材更加精巧，并且以较小的猎物为食。这里展示的来自佛罗里达州和邻近州的全黑亚种在 20 世纪初被灭绝后，整个红狼群体的生存现在已濒临绝境。2018 年，世界自然保护联盟（IUCN）将该物种列为"极度濒危"，并将活着的个体数量定义为 20 ~ 30 只。三年后的今天，可能只有 10 只还活着。"这很不好，"一位动物权利活动家说，"真令人心碎。"

红狼曾经广泛分布在美国东南部，但多年的密集狩猎导致它们在 1980 年近乎灭绝。早在 1973 年，美国鱼类和野生动物管理局就已经开展了一项成功的繁育计划，并捕获了几十只动物。近年来，红狼重返野外的实现是因为在北卡罗来纳州东北部重新引入了它们的后代。在此期间，130 头红狼住在那里，但它们的数量很快又急剧下降。最终，由于这些红狼被认为是杂交动物，进一步的重新引入被叫停了。直到最近的一项法院裁决后才恢复了保护计划。

甚至在更早的时候，就有人拒绝承认红狼是一个独立的物种。事实上，遗传研究表明，红狼的基因组中 75% 是土狼，25% 是灰狼。灰狼的基因组也包含土狼的部分，反之亦然。

台湾云豹

Neofelis nebulosa brachyura

"它还活着！"这个消息在中国台湾媒体上传得沸沸扬扬。2018 年，来自屏东村的两组护林员在台湾岛东南部的荒野中巡逻，遇到了云豹。一只云豹逃到了树上，另一只云豹则在猎杀山羊。如果这是真的，那将是一个轰动性的事件。

自 20 世纪 80 年代以来，没有人在中国台湾看到过这些掠食者，而在此之前的报告完全是基于访谈。专家们确信，如果中国台湾还存活有任何云豹，它们也只会是偏远地区的寥寥几只而已。

为了得出更可靠的评估结果，美国和中国台湾的研究人员不遗余力地试图用相机捕捉这些喜欢生活在密林中、难以追踪的动物。在 15 年的时间里，他们在有希望的地点设置了 1200 多个摄像陷阱，试图拍到云豹四处漫步的照片。但是，113636 天的拍摄过去了，相机没有拍下这种美丽猫科动物的任何生命迹象。最终，科学家们在 2013 年宣布台湾云豹灭绝了。这就是为什么专家们认真对待新报告的原因——谁不希望这些动物在某个地方侥幸存活下来？但对此还需要进一步的调查研究。

其实云豹在东南亚分布很广泛，但它们美丽、备受追捧的毛皮和森林砍伐意味着这些中国台湾以外的大型猫科动物其未来也不容乐观。它的种群正在日益减少，该物种也因此被认定为脆弱（"濒危"）。

同族关系
食肉目（Carnivora）中豹亚科（Pantherinae）

分布
中国台湾

绝种
最后一次观测时间：1983 年

绝种原因
狩猎、砍伐森林

插图
平版印刷，手工上色，1862 年

印度爪哇犀牛

Rhinoceros sondaicus inermis

同族关系

奇蹄目（Perissodactyla）
中的犀科（Rhinocerotidae）

分布

印度东北部、孟加拉国、
缅甸

绝种

20 世纪初

绝种原因

栖息地破坏、狩猎

插图

铜版印刷，手工上色，
1846 年

以前，爪哇犀牛是一种害羞的森林动物，是印度犀牛的近亲，曾经栖息在东亚的大部分地区，共有三个亚种。图中这种形态的爪哇犀牛生活在印度东北部、缅甸和孟加拉国，于 20 世纪初绝种。爪哇犀牛的越南亚种也被认为在越南战争后灭绝了。但在 1988 年，人们发现了一个小的幸存种群，其中最后一个个体在 2010 年被发现死亡，偷猎者射中了它的脚并切断了它的角。在印度尼西亚爪哇岛的乌戎库隆国家公园只剩下 40～60 头爪哇犀牛。在过去的几十年里对它们的保护力度很大，它们的数量保持相对稳定，但这么小的种群是否能够长期生存下去是个问题。

由于它们的角（富含角蛋白，在东亚市场上每千克价格高达 5000 美元）具有所谓的治疗和强健体魄的作用，所有五个现存的犀牛物种都受到威胁，尽管位于非洲的种群数量已经有所恢复。"苏丹"是北方白犀牛种群的最后一头公犀牛，不幸的是，它不得不在 2018 年被实施安乐死。现在这个亚种只剩下苏丹的女儿和孙女。

与偷猎的斗争将决定世界上最大的陆地哺乳动物之一的命运。为了保护它们，护林员升级了装备，拔掉了犀牛的角，或给犀牛角涂上染料或注射对犀牛无害的制剂，使它们的角不适合人类食用。

过度捕杀假说

直到几万年以前，每片大陆都是壮观的大型动物群的家园。澳大利亚有巨大的袋熊、3米长的袋鼠和雷鸟，以及强壮的食肉动物，如袋狮和可怕的巨型蜥蜴——古巨蜥。在马达加斯加生活着巨型狐猴和重达700千克的走禽，在新西兰则生活着一种无翼大鸟——恐鸟。在南美洲有巨型树懒和犰狳，在北美洲有乳齿象和骆驼，在欧洲有长毛象、犀牛和洞熊，这还只是一些已知的物种。但是，在世界所有这些地方，巨型动物最迟在冰河时期结束时就灭绝了。没有一个体重超过1000千克的物种能活到现代；在那些体重在100~1000千克之间的物种中，只有1/5的物种幸存下来。除了少数例外情况，只有轻量级选手能存活到现在。

另外，在亚洲南部，特别是在非洲，尽管这里也有太多的物种灭绝，但大型和超大型哺乳动物得以幸存下来。通常的解释是：动物们有足够的时间来适应它们最大的敌人——智人。它们能够发展出一定的逃跑能力，而其他大陆上的巨型动物则天真无邪，一旦机智的"两脚兽"出现，它们或多或少很快就会遭遇灭顶之灾。

事实上，即使缺乏足够的直接证据，当人们看到各个大型动物种群的崩溃与智人在不同时期的"入侵"有着密切的关联时，就很难相信其中有什么巧合。在澳大利亚，巨型动物在4万~5万年前就消失了，这与第一批人类的到来时间完全吻合。在后来才有人定居的塔斯马尼亚岛，许多大型动物物种持续分布的时间更长。在欧亚大陆，大型动物种群的灭绝大约与澳大利亚同时开始，但在1.2万年前的最后一个寒冷期之后才达到高峰。另外，在北美洲和南美洲，物种灭绝发生在我们这个时代之前 11400 年和 10800 年之间的时间内。在第一批人类到来后，仅用了 400 年时间，北美的大多数大型动物物种就灭绝了。

人类造成了许多岛屿动物的灭绝，这一点无可争议。不仅有新西兰的恐鸟，还有马达加斯加的象鸟和众多哺乳动物物种也可能被人类消灭了。但是，各大洲的巨型动物真的在受害者之列吗？

尽管这个由古生物学家保罗·S. 马丁（Paul S. Martin）在 20 世纪 60 年代提出的过度捕杀假说，在经过长期的激烈争论之后，似乎正在被专家们接受，但它也绝不是毫无争议。除了使用大规模太阳耀斑或陨石撞击作为解释的奇特理论，最重要的反驳来自古气候学。毫无疑问，冰河时代带来了几次显著的气候波动，这对地球的生态系统肯定产生了影响。有可能在人类开始猎杀大型动物时，大型动物的种群已经因气候变化而日渐虚弱进而绝种了。尽管人类那时的武器仍然很原始，但人类可以用它们杀死几乎任何种类的动物。尤其是对于那些不害怕人类且繁殖缓慢的大型动物来说，这可能会导致种群数量的崩溃。

过度捕杀假说还得到以下事实的支持：澳大利亚在这一时期没有经历任何气候变化。冰河时代的寒冷期不止一次，而是多次，从而造成了严重的气候动荡，然而，这并没有导致大规模动物死亡。为什么反而捕猎的因素对这么多大型动物物种来说是致命的？

袋狼

Thylacinus cynocephalus

澳大利亚奇特现象的一个有趣之处在于，在有袋动物的亚类中，出现了与胎盘哺乳动物非常相似的生命形式类型。例如，有袋动物狼看起来像狗，但与真正的犬科动物的关系却非常遥远，这是一个趋同或平行进化的最佳示例。这种"袋狼"因其条纹标记而得名，在巨型动物灭绝后很长一段时间内一直是澳大利亚最大的食肉动物，但在第一批欧洲定居者抵达大陆时几乎灭绝。众所周知，原住民猎杀并吃掉这些动物。然而，它们衰落的决定性因素可能是其猎物的减少，尤其是强大的竞争对手——野狗的泛滥。它们是大约5000年前由东亚移民带到该国的狗的野生后代。

澳大利亚的邻岛塔斯马尼亚岛没有野狗。袋狼在那里一直存活到了20世纪，但作为所谓的"绵羊杀手"，它们受到了严重的迫害，直到这些动物在塔斯马尼亚岛也变得稀有，并且越来越多地遭受近亲繁殖的影响。很快，袋狼就只存在于一些动物园里。最后，只剩下了袋狼本杰明，它是最著名的末代之一，整个袋狼家族与它一同消亡。

直到今天，仍然有来自塔斯马尼亚的报告称发现了袋狼；澳大利亚人朱莉娅·利（Julia Leigh）甚至为此写了一本激动人心的小说《猎人》。

同义词

袋虎、袋狗、斑马犬、塔斯马尼亚狼、塔斯马尼亚虎

同族关系

袋狼科（Thylacinidae）的唯一一个成员

分布

澳大利亚

绝种

大约1930年在野外灭绝

末代

本杰明，于1936年在塔斯马尼亚的霍巴特动物园去世

绝种原因

狩猎、物种入侵

插图

版画，手工上色，1863年

新月甲尾袋鼠

Onychogalea lunata

同义词
弯月距尾袋鼠、圆尾兔袋鼠

同族关系
袋鼠科（Macropodidae）
中的甲尾袋鼠属
（*Onychogalea*）

分布
澳大利亚

绝种
20 世纪 50 年代，也可能是
20 世纪 60 年代

绝种原因
狩猎、入侵物种、栖息地
破坏

插图
版画，手工着色，1863 年

这只小袋鼠体重只有 3 千克多一点，它的名字来源于它尾巴末端的刺和肩膀上的新月形白色斑块。它来自约翰·古尔德，他于 1840 年在伦敦引进该物种，并在一年后的出版物中描述了这种动物。此处显示的插图来自他的《澳大利亚哺乳动物》一书，这也是插画家亨利·康斯坦丁·里希特（Henry Constantine Richter）对古尔德作品的主要贡献，不该被人所遗忘。

新月甲尾袋鼠也被称为"袋鼠兔"，因为它们像欧洲的袋鼠兔一样，在受到惊扰时会蹲下并迅速逃走。同时代的人们将它们比作兔子，因为它们的耳朵很长，皮毛很厚。

据说，它们是"原住民的首选食物"。他们用火和烟把新月甲尾袋鼠赶出它们的藏身之处并抓捕它们。欧洲人也发现它们"非常好吃"：肉是"白色的，有点像鸡肉，吃起来更像兔肉"。人们对它们的生活方式比对它们的肉质的了解还要少。据称，它们独来独往，"总是行色匆匆"；"仿佛穿了一件特别的衣服"，它们在奔跑时将一只爪子向前伸。它们喜欢的栖息地是茂密的灌木植被。

但是，人类把它们的栖息地变成了牧场，从欧洲带来的猫和红狐狸也对新月甲尾袋鼠的肉产生了兴趣，它们越来越多地退缩到大陆的沙漠内地。在 20 世纪 50 年代，人们在那里看到了最后一批新月甲尾袋鼠。

东部野兔鼠
Lagorchestes leporides

小袋鼠属的东部野兔鼠（*Lagorchestes*）从名字上来看就与野兔很相似。东部野兔鼠与它的同伴新月甲尾袋鼠和宽头袋鼠（第 50 页和 58 页）一样，栖息在澳大利亚东南部的草原上，约翰·古尔德是首个描述这种动物的作家。

他讲述了与这些动物相处的经历，揭示了它们的奔跑能力。两只狗追了一只东部野兔鼠几百米后，它突然来了个急转弯，径直向约翰·古尔德跑去，"狗紧紧跟在它后面，而我一动不动地站着，直到那只动物走到离我 6 米以内并注意到我，令我吃惊的是，它没有向右或向左转弯绕过我，而是直接从我头上跳了过去"——它跳起来至少有 2 米高，横向也有几米的距离。当它再次落回到地面上时，古尔德的镜头捕捉到了它。

东部野兔鼠是夜行性独居动物，这几乎总结了我们今天对这种小型有袋动物的一切认知。我们只能猜测它们绝种的原因，因为它们在人类对其栖息地实行密集耕作之前就已经消失了。1871年来到澳大利亚的红狐狸还没有那么普遍，也还没有到可以导致东部野兔鼠灭绝的程度。其中一个原因可能是放牧牛群的践踏改变了草原的特征。原住民无法控制的冬季大火也可能是一个原因。流浪猫也令这些小动物们的数量减少。

同族关系
袋鼠科（Macropodidae）中的野兔袋鼠属（*Lagorchestes*）

分布
澳大利亚东南部

绝种
1890 年前后

绝种原因
入侵物种（猫）、生存空间破坏、疾病？

插图
版画，手工上色，1863 年

豚足袋狸

Onychogalea lunata

同族关系
袋狸（Peramelemorphia）
目中的豚足袋狸科

分布
澳大利亚

绝种
1920 年到 1930 年之间

绝种原因
物种入侵（狐狸、猫），
栖息地破坏

插图
版画，手工上色，1863 年

当年，我们的生物老师曾经向我们全班同学开玩笑地展示过一本关于奇怪动物的书，名为《鼻行动物》。据称，这些动物是在一个遥远的、现已被摧毁的岛上被发现的，其特点是嗅觉器官的形成颇为离奇。

也许这些虚构哺乳动物的"发明者"受到了像豚足袋狸这样生物的启发。人们对这些长着可爱鼻子的小动物了解不多，因为在生物学家开始对它们感兴趣之前，它们就在大多数地区灭绝了。豚足袋狸（bandicoots）生活在澳大利亚的干旱地区，白天躲在草窝里，在沙漠中则躲在地表下的浅洞里，晚上出来觅食。它们可能吃草和树根以及各种小动物，如蚂蚁和白蚁。据仍能记得它们的原住民说，它们不会跳，而是跑或蹿，速度快得让人抓不住。只有它们后腿发达的中趾才会接触到地面。当被狗追赶时，它们会躲在空心的树桩里。

然而，它们并没有从四条腿的捕食者手中逃脱。据称，鼻行动物被原子弹爆炸摧毁了。另外，大多数豚足袋狸最终都进了为控制兔子数量而被带入澳大利亚的家猫和狐狸的肚子。这对豚足袋狸产生了致命的后果。

图拉克袋鼠

Macropus (*Notamacropus*) *greyi*

提到袋鼠，我们主要想到的是几乎与人一样大小的红色和灰色大袋鼠，其实，袋鼠的种类超过 60 种。它们生活在冰河时代的萨胡尔大陆的残余部分，现在被海洋通道分隔开来，即在澳大利亚、塔斯马尼亚和新几内亚，而且许多动物，例如沙袋鼠，体形都相当小。

澳大利亚东南部的沿海草原是图拉克袋鼠的家园，它们是那里最小的物种之一。约翰·古尔德在其著作随附的插图中对它们进行的描述足以载入史册，他引用斯特兰奇（Strange）先生的话说："我从来没有见过像它们一样脚步轻快的物种。"它们跑得比任何狗都快。在古尔德看来，它们是沙袋鼠中最优雅、最漂亮的：它们身披浅灰色的皮毛，有着几乎为白色的腹部，手和脚为黑色，面部色彩十分引人注目。

但是，美丽和速度并不能保护这种在夜间和黄昏活动的动物们平安地待在自己的栖息地。随着越来越多的土地通过开垦和排水被转化为牧场，它们的数量直线下降。引入红狐狸和运动性的狩猎活动继续摧毁着它们的种群，直到 1910 年，在南澳大利亚的金斯敦和比奇波特之间只剩下少量的残余种群。1924 年，野外只有 14 只图拉克袋鼠还活着。在试图捕捉其他 14 只图拉克袋鼠并将它们疏散到袋鼠岛的一个保护区时，其中有 10 只死亡。其余 4 只从此被圈养起来。

同义词
灰袋鼠

同族关系
真袋鼠（Macropodidae）
科中的小袋鼠属（*Notama-cropus*）

分布
澳大利亚东南部

绝种
1924 年在野外绝种，1939 年末代在动物园内消亡

绝种原因
栖息地破坏、入侵物种、狩猎

插图
版画，手工上色，1863 年

宽头袋鼠

Potorous platyops

同族关系

鼠袋鼠科（Potoroidae），是
袋鼠科（Macropodidae）的
一个亚科，属于长鼻袋鼠属
（*Potorous*）

分布

澳大利亚西南部

绝种

大约在 1875 年

绝种原因

狩猎、入侵物种（猫）、
栖息地破坏

插图

版画，手工上色，1863 年

对于这样一种小动物，人们永远也无法摸清它们的动向，但 100 多年来，尽管进行了密集的搜索，人们还是没有看到过宽头袋鼠——这是另一种来自澳大利亚西部的小袋鼠，它们在这里的死神是欧洲猫。宽头袋鼠被归类为鼠袋鼠，它们的体形几乎和豚鼠差不多，但尾巴长近 20 厘米——是猫的理想猎物。当然，第一个描述宽头袋鼠的人还是约翰·古尔德，但该物种是由他的同事约翰·吉尔伯特（John Gilbert）"收集"到的——他曾陪同古尔德一家到澳大利亚，并在该大陆西部为他们工作了几个月。

与草食性袋鼠相比，鼠袋鼠是杂食性动物，主要以蘑菇为食，但也吃昆虫和植物根。这可能也是宽头袋鼠的真实情况，我们对其他生活习惯几乎一无所知。

关于这些小型有袋动物的发现并不多。当吉尔伯特拍摄它的标本时，该物种可能已经很少见了。无论如何，化石证据表明，宽头袋鼠的分布地区曾经更广袤。它们是否成为某种疾病的牺牲品？或者就像东部野兔鼠一样，受到了很多因素的共同影响；但是，野猫在澳大利亚小型哺乳动物的消亡中所扮演的灾难性角色已在许多研究中得到了证实。动物保护主义者们已经试图通过出版猫尾汤的食谱来报复它们。

大海牛

Hydrodamalis gigas

儒艮是它们的近亲，它们仍然生活在印度洋沿岸，是一种令人印象深刻的动物：身长达 4 米，重约 1 吨。德国医生和博物学家格奥尔格·威廉·施特勒（Georg Wilhelm Steller）于 1741 年发现了这种生物，在其死后出版的一本书中描述称，大海牛的体积是儒艮的 2 倍，重达 10 吨，体重几乎与两只公象一样重。大海牛以其发现者的名字命名，是除鲸鱼之外最大的哺乳动物之一。

当施特勒医生遇到这些没有牙齿的食藻者时，他和他的伙伴们最终在堪察加附近的白令岛遭遇海难。大家为了生存而挣扎，他们的探险队长、丹麦人维图斯·白令（Vitus Bering），已经撒手人寰。所以，他们干了一件不地道的事情，而且，很多水手后来也模仿他们做了同样的事情：他们猎杀并吃掉了生活在海岸边的海牛，而且还是以家庭为单位。不过，这至少让施特勒有机会更仔细地检查它们。他后来成为唯一一位看到这种动物的活体的科学家，而我们对于大海牛的了解也是基于他的观察。

气温升高使大海牛的生活条件愈加恶化。在此之前，它们的分布要广泛得多。白令岛上的大约 2000 只大海牛可能只是一种遗留现象——它们只是因为那里没有人类而幸存下来。对于大海牛来说，与智人的相遇通常会导致致命的结局。在施特勒发现大海牛的 27 年后，最后一只大海牛离世。

同义词

巨儒艮、施特勒海牛、无齿海牛

同族关系

属于海牛目（Sirenia）儒艮科的叉尾海牛

分布

北太平洋

绝种

1768 年

绝种原因

狩猎、气候变化

插图

单色版画，1893 年

日本海狮

Zalophus japonicus

几乎在 20 世纪的同一时期，两种海洋哺乳动物分别在两个遥远的岛屿世界中灭绝：加勒比僧海豹和以游泳姿势出名的日本海狮。它们的绝种原因是一样的：商业捕鱼剥夺了这些动物在海岸附近的食物来源，因为把它们视为竞争对手，渔民们无情地追捕、猎杀它们。过去，人们猎杀海豹主要是为了从它们的脂肪中提取宝贵的灯油，或把它们的皮肤加工成皮革，把内脏加工成药物。日本海狮也被抓来作为马戏团的动物使用。

虽然现在的人们认为它们已经灭绝了几十年，但人类似乎还在怀念着它们，而且还没有完全放弃在某个地方仍能遇到活体日本海狮的希望。最后一次有人看到活体日本海狮是在 20 世纪 50 年代的竹岛，后来的目击事件可能是人们把日本海狮与从动物园或其他娱乐设施逃脱的加利福尼亚海狮混淆了。无论如何，朝鲜、俄罗斯和中国这三个国家都要求自己国家的捕鱼船队，在 21 世纪第一个十年重新安置在日本海发现的海狮——可惜迄今为止没有获得成功。作为一项紧急措施，这些国家考虑释放加利福尼亚海狮以恢复海岸生态。加利福尼亚海狮的体形比它们的日本近亲略小，后者长期以来一直被认为是一个亚种，直到基因分析证实了日本海狮作为一个独立物种的地位。

同族关系

属于犬形亚目（Caniformia）中的海狮科（Otariidae）

分布

日本、韩国

绝种

最后一次目击时间：1951 年

绝种原因

狩猎

插图

版画，手工上色，1842 年

鸟类

    鸟类是温血陆生脊椎动物（四足动物），体温始终保持在42℃左右。鸟类的前一对肢形成翅膀。大多数鸟类会飞，也有一些鸟类在进化过程中逐渐失去了飞行能力。

    鸟类的胚胎发育完全发生在卵中，卵包裹在充满羊水的薄膜即羊膜中。由于产卵爬行动物和哺乳动物的胚胎也包裹有这样的壳，因此这三者被归为"羊膜动物"。

    鸟类最显著的特征是，它们全身覆盖着羽毛。今天，没有其他动物还拥有羽毛，但在过去却大不一样。众多的化石，特别是来自中国的化石，毫无疑问地证明了羽毛比鸟类要古老得多，并且已经在许多恐龙身上发现过。最初，羽毛并非用于飞行，可能是用作保暖。

    迄今为止发现的最古老的鸟类化石来自侏罗纪，大约有1.5亿年的历史。鸟类最近的近亲是鳄鱼。

    科学界已知有10800个最近的鸟类物种，即现存的鸟类。在过去的500年里，有158种鸟类已经灭绝了。

隐鹮

Geronticus eremita

隐鹮有着赤裸裸的红色头颅，并不是什么美丽的鸟儿。但它漆黑的羽毛闪烁着神秘的光泽，身长可达 75 厘米，属于大型鸟类，是欧洲除琵鹭之外唯一的家族代表。

在欧洲中部和南部，隐鹮在中世纪晚期就已经所剩无几，但它并没有完全灭绝。在摩洛哥，仍有人工饲养的活鸟和达数百只个体的繁殖群体。因此，隐鹮是一个"仅"在欧洲局部绝种的案例。然而，许多保护项目正试图繁殖它们，并将其重新放归野外——这不是一件容易的事，因为隐鹮需要从成鸟那里学习它们物种的迁徙路线。被俘虏的成鸟可以通过乘坐轻型飞机在它们前面飞行来引导。也有一些报道称，鸟类背部安装的 GPS 设备中的太阳能发射器会导致它们角膜混浊，这显然是因为鸟类在睡觉时会将其头部靠近设备。

人们与隐鹮之间的关系曾经是分裂的。在古埃及，它们被视为灵魂的化身，而在意大利，隐鹮幼鸟主要被视为美味佳肴。瑞士学者康拉德·格斯纳（Conrad Gessner）在 16 世纪的一份报告中说，人们认为隐鹮是花园里的害虫杀手，并通过解剖其胃的内容物证实了这一观察结果。在萨尔茨堡，筑巢的隐鹮被从岩壁上射下来以供取乐。

渡渡鸟

Raphus cucullatus

同义词
孤鸽

关系
鸠鸽科（Columbidae）

分布
毛里求斯

绝种
大约 1690 年

绝种原因
狩猎

插图
铜版画，手工上色，
1781 年

"像渡渡鸟一样死去"——在盎格鲁 – 撒克逊语系国家，渡渡鸟便是绝种的典型代表。然而，它的流行与其说是由于其壮美的外观或惊人的技能，不如说是由于它曾经出现在刘易斯·卡罗尔的《爱丽丝梦游仙境》中。在这本书中，它向小爱丽丝赠送了它自己的顶针作为赢得比赛的奖品，而所有参与者都赢得了这场比赛。

毫无疑问，渡渡鸟是一种很长一段时间以来都能够很好地适应印度洋岛屿世界的物种——但今天几乎没有人提到这一点。我们对渡渡鸟还存有什么印象？"博物馆里保存着两三具拼凑在一起的骨骼，还有零散的各式各样的骨头，"大卫·夸门（David Quammen）写道。有"一只……干瘪的脚，一些书面记录……以及许多可追溯到 1600 年的绘画和版画，不过其中大部分是漫画。"它们传达的形象是一只太笨重又太肥胖的鸟，以至于无法生存下去。所以，我们甚至不知道渡渡鸟到底长什么样。渡渡鸟这个名字是否来自它的声音？流传下来的报告大多围绕着被射杀的渡渡鸟数量和它们肉的质量——显然不太好吃。1598 年，第一批来到毛里求斯的荷兰人称它为"Walchvoghel"——"令人恶心的鸟"。不过，他们还是把它吃了。

顺便一提：没有人知道罗德里格斯渡渡鸟，即渡渡鸟的近亲。这种鸟也已经灭绝，它们生活在邻近的一个岛上，看起来格外与众不同。

巨鸟和侏儒象——岛屿及其特殊路线

圣赫勒拿岛、罗德里格斯岛、佛得角、关岛、毛伊岛、阿森松岛、斐济、百慕大、诺福克岛、牙买加——不胜枚举。如果您翻阅世界自然保护联盟的灭绝动物物种名单，您总会遇到将动物加上某些岛屿名称构成的名字：塞舌尔鹦鹉、波多黎各尖嘴鸦、古巴金刚鹦鹉……

贾里德·戴蒙德（Jared Diamond）是当今世界上最杰出的生物学家之一，他在几十年前发表了一篇文章，详细研究了 1600 只已经灭绝的鸟类。他列出了 171 个物种和亚种，仅略高于世界自然保护联盟目前的数字，而世界自然保护联盟在评估中表现得非常谨慎。在这 171 种已灭绝的鸟类中，有 155 种生活在岛屿上，几乎占到了 91%。

夏威夷的鸟类世界失去了 24 个物种，马斯卡林群岛、留尼汪岛和毛里求斯失去了 14 个物种，而在面积只有 15 平方千米的豪勋爵岛，灭绝的鸟类物种比非洲、亚洲和欧洲的总和还要多。但受到影响的不单单是鸟类。所有已灭绝的软体动物（尤其是蜗牛）中，80% 也生活在岛屿上。几乎 60% 已灭绝的哺乳动物也是如此。

从历史上看，物种灭绝主要是一种岛屿现象——如果把澳大利亚、新西兰和马达加斯加等长期与世隔绝的大块土地也包括在内，情况就更严重了。造成这种情况的原因是多种多样的。在与世隔绝的岛屿上，特殊的生物路线得以发扬光大，然而当动物们面对人类及其动物和随行的植物时，其中许多路线便成为致命的。在这些特殊的生物路线中，鸟类失去了飞行的能力，要知道这种能力非常耗费体力。因为在许多岛屿上，没有鸟类不得不逃离的天敌，所以它们飞行的能力就消失了。它们对待捕食者很天真，所以很容易被人类、人类的狗和猫杀死。而夹带至此的老鼠又会攻击这些鸟类的卵和幼鸟。通常只用几十年，毫无戒心的"岛民们"就被全部吃光了。

其他在岛屿上生活的物种往往长得很高大，如福克兰群岛狼和马达加斯加不会飞的象鸟，它们可以长到3米高，或者更大的新西兰走禽，即恐鸟，欧洲定居者从未见过它们，因为它们已经被毛利人消灭了。另外，一些岛屿物种变得相形见绌，例如小型马达加斯加河马或生活在塞浦路斯、撒丁岛、马耳他或克里特岛等许多地中海岛屿上的大象。他们的肩高往往只达到1米。即使是俄罗斯弗兰格尔岛上最后的长毛象也比大陆上的同类要小。这些物种没有一个存活到我们这个时代。

岛屿群帮助一些善于旅行的"新来客"分裂成许多新的物种，因为这些动物在每个岛屿上能够以不同的方式进化。最著名的例子当然是加拉帕戈斯群岛的达尔文雀。但是，这些岛屿的种群已经濒临灭绝，而且岛屿越小，就越是如此。它们往往仅由几千只甚至数百只动物组成，而且在遗传学上很贫乏，因为它们是少数设法到达那里并进行繁殖的先驱动物们的后代。这些祖先只带来了它们原始物种的一小部分随机决定的基因变异，这削弱了它们对疾病和环境变化的抵抗力。

因此，岛屿上机会和风险并存。正如另一位广泛研究岛屿群落的著名生物学家爱德华·威尔逊（Edward O. Wilson）所言，"如果你一开始就很富有，那么你就不太可能彻底破产"——这指的是拥有丰富的个体和基因变异的物种更不容易绝种。

大海雀

Pinguinus impennis

身长 85 厘米，重达 5 千克——大海雀是一种令人印象深刻的鸟类，它在北大西洋的岛屿海岸上有巨大的繁殖群。事实上，它最初的名字是"企鹅"（亦称北极大企鹅）。后来，南半球"真正的"、与它们关系并不密切的企鹅因为其相似的羽色而被称为相同的物种，海鸥的表亲大海雀便成了"北极大企鹅"。不幸的是，作为一种食鱼鸟类，它游泳和潜水都很出色，但却不会飞；而且走起路来也很笨拙。然而，它完全有能力扬长避短。

理查德·惠特伯恩（Richard Whitbourne）船长在 1622 年写道："仿佛上帝特意给如此可怜的生物配上了纯真的性格，使它们沦为人类的美味盘中餐。"水手们将数百只鸟赶上船，因为它们有"非常好吃且有营养的肉"，还有脂肪——以至于这些鸟被用作无树岛屿上的木柴替代品。它们的羽绒也被拿去做成了服装。如果幸运的话，大海雀会先被杀死。否则，它们会先是被活活拔掉羽绒，然后听天由命。这种情况不可能持续很久。19 世纪 30 年代，当约翰·詹姆斯·奥杜邦前往纽芬兰为他的《美洲鸟类》（*Birds of America*）一书绘画壮美的大海雀时，他一只鸟也找不到了，以至于他不得不用一个来自冰岛的填充标本凑合。在埃尔迪的岩石岛上，因为它们稀有的皮毛和鸟蛋在贵族圈子里被视为高级收藏品，最后一对已知的大海雀也被杀死了。但多年后，人们在纽芬兰又看到了另一只大海雀。

同义词

大海燕

同族关系

海雀科（Alcidae）

分布

北大西洋，在佛罗里达和摩洛哥也发现过遗骨

绝种

最后一次目击于 1852 年

绝种原因

狩猎

插图

水彩画，1836 年

呆秧鸡

Gallirallus dieffenbachii

秧鸡是鹤的亲族，分布在世界各地，特别是在热带地区。它们的飞行能力绝非出类拔萃，但它们却成功地在众多岛屿上定居，甚至在遥远的岛屿上存活下来，并发展成为当地的特有物种。因此，几乎每个较大的岛屿都有一个甚至多个自己的秧鸡物种。许多秧鸡在进化过程中由于没有掠食者而丧失了飞行能力。当人类带着他们的宠物和牲畜上岛定居，并改造土地以用于农业时，这预示着秧鸡面临的厄运。在过去几个世纪里，有二十多种秧鸡灭绝了。

其中还包括呆秧鸡，它们是查塔姆群岛的几个不会飞的秧鸡品种之一，该群岛位于南太平洋新西兰以东 600 多千米处。但只有德国地质学家和自然学家恩斯特·迪芬巴赫（Ernst Dieffenbach）曾经捕捉到一只活体。1840 年，他在新西兰逗留了四个星期，访问了查塔姆群岛，后来，以他的名字命名的秧鸡品种，即呆秧鸡，已经十分罕见。几年后，人们在这个标本的基础上对这种生物进行了科学说明。

在查塔姆群岛，人类的日子也不比秧鸡好到哪里去。当时，莫里奥里人定居在查塔姆群岛。我们不清楚他们什么时候上岛的，以及他们是谁的后裔，但可以肯定的是，欧洲定居者们在海岸上杀死海豹，剥夺了他们的食物基础，而从 1835 年起抵达的新西兰毛利人则奴役和杀害了他们。

同族关系
鹤形目（Gruiformes）中的
秧鸡科（Rallidae）

分布
新西兰查塔姆群岛

绝种
1872 年

绝种原因
栖息地破坏、物种入侵

插图
版画，手工上色，1846 年

74

铜色刺尾蜂鸟
Discosura letitiae

同族关系
属于雨燕目（Apodiformes）
蜂鸟科（Trochilidae）

分布
玻利维亚

绝种
最近一次收集发生在
1852 年之前

绝种原因
栖息地被破坏？

插图
版画，手工上色，使用金
箔，1861 年

说到它们名字的独创性，这些嗡嗡叫的小鸟可是大有来头：紫冠亚马孙鹦鹉、翡翠喉芒果蜂鸟、紫颊太阳鸟——谁能与之相提并论呢？再加上各种最高级的形容词：最小最轻的鸟，最快的脊椎动物，极高的心跳和呼吸频率。

今天，蜂鸟只生活在北美洲、南美洲和中美洲；但已知最古老的蜂鸟化石来自旧世界。它们有 3000 万年历史，发现于巴登－符腾堡州的弗劳恩韦勒。我们（欧洲）的蜂鸟去哪里了？我们也想拥有一些像铜色刺尾蜂鸟一样美丽的蜂鸟，除了嘴和尾巴之外，它身体的每一部分都闪烁着翡翠和青铜色的光泽，熠熠生辉，它像一颗会飞的宝石。但专家们对如何看待这种鸟争论不休：是杂交种、颜色变体还是另一物种的幼体——或者实际上是一个独立的物种？

实际情况是这些蜂鸟非常稀有。科学界只知道两个铜色刺尾蜂鸟标本，都是在 19 世纪上半叶收集的。从那时起，铜色刺尾蜂鸟就再也没有出现过。人们甚至连这两种鸟的确切栖息地都不知道：可能在玻利维亚北部的某个地方。它们也未能并排陈列在一起：一只保存在纽约，另一只保存在伦敦。后者来自约翰·古尔德的财产，我们的图片就归功于他。据推测，他也从未见过那些活着的铜色刺尾蜂鸟。

新西兰黑胸鹌鹑

Coturnix novaezelandiae

同义词
赤喉鹑

同族关系
雉科（Phasianidae）的鹌鹑
（Coturnix）属

分布
新西兰

绝种
1875 年

绝种原因
物种入侵、狩猎、疾病的
原因？

插图
版画，手绘，1873 年

目前还不清楚为什么黑胸鹌鹑会在新西兰岛上定居。在 19 世纪中叶，大量的黑胸鹌鹑仍在南岛、北岛的草原上蹿动，在那里定期养育着 10～12 只幼鸟。然而，几年后只剩下了残存的黑胸鹌鹑种群，它们很快就永远地消亡了。

来自人类的压力可能是最大的影响因素。人们放火开辟牧场，密集地捕食鹌鹑。由于新西兰的供应不足以满足他们的需求，热衷于狩猎的英国人还放出了其他鹌鹑品种，本土鸟类从此不得不与之竞争。人们也可以浮想联翩：当越来越多的饥饿的猫、狗、黄鼠狼和老鼠突然在周围游荡时，这对那些几千年来不知道有天敌、在开阔地和草垫地窝里繁殖的动物意味着什么。一些专家也因此将黑胸鹌鹑的灭绝归咎于为狩猎目的带入该国的外来鸟类所带来的疾病。

当大家记起缇里缇里马塔基岛上的鸟类时，希望又重新燃起。黑胸鹌鹑也许已经在新西兰的一个较小的、基本上还是天然状态的岛屿上生存下来了吧？由于人们很难从外部区分不同的物种，因此不得不开始进行基因调查。不幸的是，调查的结果令人大失所望：它们是引进的棕色鹌鹑（*Coturnix ypsilophora*），原产于澳大利亚、塔斯马尼亚和新几内亚。

诺福克卡卡鹦鹉
Nestor productus

同义词
薄喙鸮鹦鹉

同族关系
在鹦鹉科中，啄羊鹦鹉属属于鸮鹦鹉科

分布
诺福克和菲利普岛

绝种
1850 年前

末代
未命名，于 1851 年在伦敦的一只笼中去世

绝种原因
狩猎

插图
版画，手工上色，1873 年

卡卡鹦鹉（第一个"卡"的发音很长）是一种天性好奇且会学人说话的鹦鹉，是新西兰最不寻常的鸟类宝藏之一。它和凯亚（或高山鹦鹉）是强大的啄羊鹦鹉族群的唯一幸存者，但这两个物种都被认为是濒危物种，甚至面临灭绝的威胁。

新西兰人正在做出巨大努力，以使它们避免重蹈第三种啄羊鹦鹉——彩色诺福克卡卡鹦鹉的覆辙。诺福克卡卡鹦鹉只生活在诺福克岛（面积只有 35 平方千米）和邻近的菲利普岛。在人类到来之后，这些鸟被猎杀或作为宠物饲养；它们的家园被用作罪犯流放岛之后，情况更为糟糕。

我们对鸟类的了解几乎都要再次感谢约翰·古尔德，他在悉尼看到了一只笼中的诺福克卡卡鹦鹉。它在主人的房子里自由移动，像乌鸦一样跳来跳去。古尔德称，这只鹦鹉的主人安德森夫人告诉他，这些鸟儿吃的是白色的木槿花，尤其是它们的花蜜。他立刻就表达了他的担忧：他遗憾地指出，"一场针对诺福克卡卡鹦鹉的灭绝战争正在展开"，因此，像渡渡鸟一样，它们将很快灭绝，只剩下皮毛和骨头。古尔德对卡卡鹦鹉的美丽赞不绝口，但他不太喜欢它们的声音："嘶哑的呱呱叫，声音不太和谐，有时让人联想到狗的叫声"。不过，你再也不会听到它的叫声了。

斯蒂芬岛异鹩

Traversia lyalli

灭绝的故事很少有趣，但在这里则是一出悲喜剧：19 世纪末，政府决定在新西兰斯蒂芬岛上建造一座灯塔。住在那里的灯塔看守人因为寂寞而苦不堪言，所以他养了一只白天在附近闲逛的猫。傍晚时分，这只猫经常带回它捕获的棕色小鸟。守卫认识这种鸟，他经常看着它们在黄昏时分像老鼠一样在灌木丛中蹿来蹿去。由于这些鸟对他来说似乎很不寻常，他把猫带来的一些标本送到了博物馆，在那里它们引起了专家们难以置信的惊讶。

这种鸟在新西兰主岛上已经灭绝，因此以这种不寻常的方式遇到新西兰幸存的幼鸟种群是一种轰动性事件，它们是最后一种不会飞的雀形目鸟类（右下）。但就在科学家们意识到他们所面对的是什么时，灯塔看守人的猫在同一年已经将孵化的鸟儿灭绝了。留下的 11 件标本也是今天唯一已知的标本，最后进入了各个博物馆，其状况与猫捕获它们时的状况相同。

但这可能只是事实的一半。采集者还在斯蒂芬斯岛上获得了其他幼体，守岛的人员几乎清除了整个岛屿的森林以建设牧场。除了这些小雏鸟之外，还有 12 种鸟类在岛上灭绝了。

同义词

斯蒂芬异鹩

同族关系

雀形目（Passeriformes）中的刺鹩（Acanthisittidae）科

分布

新西兰斯蒂芬岛

绝种

1894 年

绝种原因

物种入侵，栖息地破坏

插图

版画，1907 年

胡伊亚鸟

Heteralocha acutirostris

能看出这对鸟儿的特别之处吗？是的！它们有着不同形状的喙。这就是胡伊亚鸟的特殊性和独特之处。其他鸟类都没有在喙上显示出如此明显的性别二形性：雌鸟的喙长而窄，略微向下弯曲，雄鸟的喙则是强有力的，但刚刚超过2厘米。胡伊亚鸟的雌鸟和雄鸟可能终生遵守一夫一妻制，按啄木鸟的方式在老木头上寻找昆虫，也许因为喙的形状不同而避免了直接竞争。另一种理论将独特颜色的鸟喙解释为性选择的结果。

由于依赖枯木生活，当欧洲定居者砍伐大面积的原始森林以创造牧场时，胡伊亚鸟的反应很敏感。由于它们美丽的黑色、绿色羽毛泛着金属光泽，博物馆和收藏家对它们也有着很大的需求。仅一位猎人就为维也纳自然历史博物馆提供了200多对胡伊亚鸟的标本。

化石证据表明，胡伊亚鸟也曾经居住在整个新西兰北岛的山地森林中。然而，当欧洲人来到新西兰时，这种物种已经很罕见，只生活在西南部了。人们对它们的生物学特性知之甚少。毛利人将胡伊亚鸟的羽毛用作身份象征，也在仪式上使用这些羽毛，尤其是它们的白色尾羽，只有高级人物才能佩戴，而且这些羽毛交易和交换的范围远远超过新西兰北岛。

殃及池鱼——共灭

当最后一只旅鸽玛莎于 1914 年去世时，这并不只是意味着它个体物种的终结。因为在它的羽毛中（以及在它之前死去的许多其他旅鸽的羽毛中）住着一种羽虱，这是一种以鸽子羽毛和皮屑为食的小型虱子动物的最后一名代表。已灭绝的鸽羽虱（*Columbicola extras*）是一种寄生虫，据说它只寄生在旅鸽身上，并随着旅鸽的绝种而消失。从这种羽虱的角度来看也算是个圆满的大结局——即便我们后来在另一个鸽子品种上意外地又发现了它——这一事实并没有改变它今天仍然代表的现象：共灭。一种寄生虫如果过于专一，完全依赖一个宿主物种，就有可能和它一起灭绝。

最初，"共灭"一词就是针对这样的情况而创造的，是指那些只寄生在一种动物或植物物种上的特定寄生虫，无论是好是坏都

依赖于一种生物。但是那些毛虫只以一种植物为食的蝴蝶，或者像某些让自己的毛虫后代寄生在一种极特殊蚂蚁品种上的蓝蝴蝶（爱尔康蓝蝶）一样，它们也生活在一种类似的依赖关系（专性寄生）中。粗略地说，模拟计算表明，我们必须假设一个 1∶1 的比例。每一个物种灭绝，就有一个依附物种随之死亡。如果你算上体内的微生物，地球上的每个生物都与之形成所谓的元生物，灭绝的物种也可能是几个——甚至更多。

现在，人们可能认为寄生虫和微生物的灭绝是一个相当次要的问题。但是，如果我们对"共灭"一词有一个更广泛的理解，并考虑到我们在有机体王国中遇到的所有相互依存关系，这里所涉及的问题的严重性就会变得更加明确。因为，没有一个生命体是独立存在的。栖息地的所有生物，从细菌到棕

熊，从海藻到蓝鲸，都在复杂的相互作用中相互联系。像羽虱这样的寄生虫需要它们的宿主，食草动物需要它们的食物植物，开花植物需要它们的传粉者，共生体需要它们的共生伙伴，食肉动物需要它们的猎物。

以新西兰的哈斯特鹰（*Harpagornis moorei*）为例，它的翼展达到 2～3 米，比今天活着的最大的鹰要重 40%。它们的祖先比这一身形要小得多，它们只是在到达新西兰后才进化成为这种庞然大物的——这就是一个"岛屿巨人"的案例——并且它们适应了它们的猎物，哈斯特鹰捕猎的恐鸟是其体重的 15 倍。后来，随着恐鸟的灭绝，哈斯特鹰也因为没有了食物来源而灭绝。

食肉动物则通过防止个体物种的过分突出来确保生物多样性。成群的大型食草动物塑造了它们的栖息地，从而为许多其他动物和植物物种设定了框架。它们提供空间和光线，从而为某些植物创造出优势的条件。

石珊瑚也充当着所谓的生态系统工程师。它们的珊瑚礁可能会扩张得大到可以到达水面，为 80 多万其他动物和植物物种创造了栖息地。因此，在气候变化的过程中，珊瑚礁的崩溃将意味着更多物种的灭亡。

每个灭绝的物种都会留下一片空白。有时它会很快被其他物种填满，有时则不会。也许突然间就没有生物去传播某种植物的种子了，也许食肉动物不得不转向其他猎物，食草动物转向其他植物，寄生虫转向其他宿主。这可能导致生态系统结构发生相当大的动荡，甚至导致原来没有考虑过绝种的物种走向灭绝。生物学家还不能估计这种共灭的规模，但他们认为这一现象意义重大。

北美旅鸽

Ectopistes migratorius

早在 1866 年，即使当北美旅鸽的族群已经开始日渐衰落时，据说一群大型旅鸽飞过也需要 14 个小时。这个鸟群由几十亿只鸟组成。它们的聚居地通常有数百平方千米，几十万只鸟繁殖时的鸣叫堪称是一个声学奇观。19 世纪初，北美旅鸽是北美最常见的鸟类，没有人能想到，仅仅几十年后它们的种群数量就会崩溃、走向灭绝。但这种灭绝还是确确实实发生了。

当地的土著人也在猎杀它们，但欧洲人把对北美旅鸽的猎杀推到了一个前所未有的高度。在北美旅鸽的迁徙季节，整个村庄都要专心猎鸟好几天，其他事情都要靠边站。商人们数以千计地出售鸽子，一连几天和几周，人们只吃鸽子肉，甚至用鸽子肉养猪。人们砍伐树木，以获取带有肥大幼鸟的鸟巢。

在 19 世纪下半叶，北美旅鸽的数量明显减少。然后，在 1880 年之后的几年内，这个物种就出现了崩溃和终结。

问题仍然存在，因为我们对这些鸟类的生物学认识少到令人震惊。为什么我们没能成功繁育更多的北美旅鸽？北美旅鸽的每个繁殖对只产一个蛋，它们的巢穴简简单单，没有保护措施——难道迁徙的鸽子只过群居生活？砍伐森林对北美旅鸽的生存又产生了什么影响？是人们的罪恶感让他们梦想着在遗传学的帮助下让旅鸽复活吗？

同族关系
鸠鸽科（Columbidae）

分布
北美东部

绝种
野外绝种时间在 1900 年前后

末代
玛莎于 1914 年 9 月 1 日在俄亥俄州辛辛那提动物园去世，享年 29 岁

绝种原因
狩猎、栖息地丧失

插图
水彩画，手工上色，1829 年

草原松鸡

Tympanuchus cupido

从欧洲来的定居者在美国肯定对家禽产生了永不满足的饥饿感。这不仅仅针对北美旅鸽（第88页），也针对草原松鸡。然而，草原松鸡被认为是穷人的食物，在感恩节的餐桌上取代了相当多的烤火鸡。

有些人认为草原松鸡是生活在更西部的草原鸡的一个亚种，而今天的草原鸡也濒临灭绝，另一些人则认为这是一个独立的物种。对此，定居者们可能并不在意。早在1870年，他们就消灭了大陆上的草原松鸡。在马萨诸塞州波士顿附近的玛莎葡萄园岛，只有大约300只鸡幸存下来。

1906年，一场大火将它们削减到仅有80只。结果，草原松鸡成为有关部门下令采取特别保护措施的第一个鸟类物种。有关部门在玛莎葡萄园岛建立了一个保护区，那里实际上成了草原松鸡的疗养院。1916年4月，据说岛上的草原松鸡数量再次达到了大约2000只，种群似乎很安全。然而，同年5月，大火再次爆发，在筑巢季节摧毁了该岛1/5的草原松鸡种群。然后又传进来一种针对草原松鸡的鸟类传染病，导致了种群的彻底灭绝。

最后，这一种群只剩下博明·本（Boming Ben），一只孤独求偶4年却徒劳无获的雄性草原松鸡，它在1932年去世。在考虑将草原松鸡引入玛莎葡萄园岛之后，草原松鸡项目已经将目光投向了草原松鸡的基因复苏。

同义词
大草原鸡

同族关系
属于雉科（Phasianidae）的松鸡亚科（Tetraonidae）

分布
北美东部

绝种
最晚自1870年以来在大陆上绝种；在1927年之后，在玛莎葡萄园岛只剩下5只雄性

末代
最后一次观察到博明·本（Boming Ben）是在1932年3月11日，在它的求爱期

绝种原因
狩猎

插图
水彩画，1836年

卡罗莱纳长尾小鹦鹉

Conuropsis carolinensis

同族关系
属于鹦鹉科（Psittacidae）
中的金刚鹦鹉（Arini）

分布
北美东南部

野外绝种
可能迟至 1930 年前后，但
没有明确的日期

末代
印加斯（Incas），于 1918
年 2 月 21 日在俄亥俄州辛
辛那提动物园去世

绝种原因
栖息地丧失、狩猎

插图
水彩画，
手工上色，1827 年

就数量和色彩而言，卡罗莱纳长尾小鹦鹉无疑已经超过了旅鸽，但前者同样悲惨的命运却不知不觉地在灭绝旅鸽的天文数字背后黯然失色（第 88 页）。两种鸟类生活在同一时代，甚至共享大部分活动范围——直到其迎来最后悲惨的结局。印加斯（Incas）——卡罗莱纳长尾小鹦鹉的末代于 1918 年 2 月与四年前的最后一只旅鸽玛莎死在同一个笼子里，比与它一起生活了 30 年的伴侣简夫人（Lady Jane）晚一年。

两者还有其他相似之处。学界同样没有关于卡罗莱纳长尾小鹦鹉的科学研究。它存在于两个亚种中，这些研究应该是在该物种的生命周期中进行的。我们对它们的了解——毕竟是北美唯一的鹦鹉物种——来自观察和传闻，包括约翰·詹姆斯·奥杜邦的那篇著名报道。他写道：吃了它们的猫会死掉。这种鸟有毒，也许是因为它们吃掉了苍耳的有毒种子。

种子是它们最喜欢的食物，不幸的是它们还吃苹果、梨和草的种子，这使它们成为水果和谷物种植中令人讨厌的"害鸟"，最终导致了它们的消亡。它们也因自己五颜六色的羽毛而被抓起来作为宠物饲养。对古老森林及其传统栖息地的砍伐可能是这种穴居鸟类衰落的决定性因素。

粉头鸭

Rhodonessa caryophyllacea

你几乎得看上两次才能确信：这种鸭子的头部和颈部确实是粉红色的，特别是公鸭。最近人们才发现，粉头鸭和火烈鸟一样，这种颜色是由类胡萝卜素造成的，这几乎是大型水禽群体中的一个独特特征。一种它的澳大利亚近亲——粉红耳鸭，它们的一些头羽也以同样的方式着色。

虽然粉头鸭是群居动物，在它们的栖息地——南亚次大陆的印度湿地，粉头鸭的数量向来都非常多。但遗传研究表明，在过去的15万年中，那里的粉头鸭个体可能不超过15000～25000只，它们美丽而稀有——这触发了人类的欲望。人们猎杀并捕获这种粉头鸭，将其作为观赏鸟出售。不幸的是，人工饲养从未成功繁育过粉头鸭。人们通过砍伐森林将其转变为农业生产区，粉头鸭的栖息地逐渐遭到破坏，这也导致了它们的衰落。与此同时，引入的植物水葫芦也在开阔的水面上生长蔓延开来。

尽管到目前为止寻找它们的尝试都失败了，但粉头鸭仍然有一丝可能幸存下来的希望。它可能是夜行动物，因此难以在白天观察到它们。来自缅甸的报告促使世界自然保护联盟暂时未把该物种列为"绝种"。然而人们几十年来一直没有看到过粉头鸭，但也并没有充分搜寻过所有适合它生活的地区。如果粉头鸭还存在，那肯定是少之又少了。因此，它们被列为"极度濒危"物种。

同义词

红鸭

同族关系

属于鸭科（Anatidae）内的潜鸭（Aythyini）族

分布

印度、孟加拉国、缅甸

绝种

最后一次在野外确认目击于1949年

绝种原因

栖息地丧失、物种入侵（水体中水葫芦过度生长）、狩猎

插图

彩色光刻版画，1908年

莱桑岛蜜雀

Himatione fraithii

同族关系

莱桑岛蜜雀在雀科（Fringillidae）中形成了自己的亚科（Drepanidini）

分布

夏威夷莱桑岛

绝种

1923 年

绝种原因

物种入侵（兔子）、栖息地被破坏

插图

版画，手绘，1893 年

加拉帕戈斯岛有达尔文雀，而夏威夷有莱桑岛蜜雀（白臀蜜雀）。它们属于雀类，但比它们的灰褐色亲戚更加多彩多姿。

夏威夷的火山岛链和美国西海岸之间有近 4000 千米的海洋，人们认为这对一只小鸟来说几乎是无法跨越的距离。然而，莱桑岛蜜雀也是原始时代从大陆来到这里的单一雀科物种的后裔。由于该群岛由 100 多个大小岛屿组成，并且为新来的物种提供了大量不同的栖息地和部分茂密的热带植被，因此形成了比加拉帕戈斯岛更丰富的生物多样性。然而，34 种莱桑岛蜜雀中超过一半已经灭绝或受到威胁。

在几乎没有树木的莱桑岛上，只有四平方千米的面积（位于中央的潟湖）可供以昆虫和花蜜为食的白臀蜜雀生活使用，它们与无数的海鸟和其他四种特有的鸟类共享这片栖息地，当然也包括一种秧鸡。现在，这些物种中只剩下两种在世。今天，莱桑岛是保护区的一部分，但在世纪之交，人们在这里收集鸟蛋，并在这里开采了大量的鸟粪。德国"岛王"马克斯·施莱默（Max Schlemmer）放生的兔子造成了毁灭性的影响，几乎吞噬了整个岛上的植被。最后三只白臀蜜雀成了风暴的牺牲品，因为它们在风暴来袭时几乎没有地方可以躲藏。

长嘴导颚雀
Hemignathus obscurus

莱桑岛蜜雀中有吃种子的，它们的喙短而有力，还有一些是吃花蜜的。长嘴导颚雀拥有长而弯曲的喙，无疑属于后者，它的主要食物是半边莲大花的花蜜，同时也起到授粉者的作用。它们也会在木头里寻找毛毛虫和甲虫为食。长嘴导颚雀的家位于群岛中最大的岛屿——夏威夷大岛，它只生活在海拔 500~2000 米的寇阿—欧伊山（Koa-"Ohi"）的坡地森林中。

当它们的栖息地因森林砍伐消失后，其种群的个体数量迅速减少。此外，长嘴导颚雀和其他莱桑岛蜜雀也需要对付一种夹带进来的传染性疾病：禽类疟疾。鸟类可能经常进入这些携带寄生虫的岛屿，但只要没有寄生虫携带者，其对当地鸟类就没有危险。早在 1822 年，两位传教士还在为"这里没有蚊子"而欢欣鼓舞。仅仅四年后，情况就发生了变化。来自热带墨西哥的英国人韦林顿（Wellington）想在毛伊岛获得饮用水；那些充满蚊子幼虫的陈水被倒入一条小溪。很快，人们就开始抱怨一种迄今为止未知的、因一种新苍蝇引起的瘙痒感。他们称之为"耳边歌唱"。后来，由于一些令人费解的原因，这些鸟儿消失了，森林越来越安静。由于蚊子只在低地出没，所以只有在海拔 1250 米以上的地方才有大量的长嘴导颚雀种群。

同族关系
莱桑岛蜜雀在雀科（Fringillidae）中形成了自己的亚科（Drepanidini）

分布
夏威夷

绝种
1940 年

绝种原因
栖息地被破坏、物种入侵、禽类疟疾

插图
彩色光刻版画，手工着色，1893 年

他们还会回来吗？——灭绝物种复活

长期以来，人工再造先前绝种生物的想法都属于科幻小说的范畴。今天，研究人员认为，首次实现人工再造先前绝种生物似乎只是一个时间问题。不过，他们肯定不会通过再造恐龙来取悦我们。

迈克尔·克赖顿（Michael Crichton）1990 年的畅销书《侏罗纪公园》（德文版 Dino Park 于 1991 年问世），尤其是由史蒂文·斯皮尔伯格（Steven Spielberg）基于原著改编的电影（1993 年）大获成功，使"灭绝物种复活"——有时也被称为"根除灭绝"，在世界范围内流行起来。这个想法实际上来自史前小动物学家乔治·波因纳（George Poinar）。据波因纳推测，如果运气好的话，人类可以在白垩纪琥珀中包裹的蚊子中发现恐龙的血细胞，并在这些恐龙细胞中发现它们的 DNA 片段。几乎所有科学家都认为这个想法纯粹是一厢情愿。恐龙

的基因组太古老了，即使就算有可能找到任何遗传物质的话，它们也太零散且不完整，无法用它来创造生物。

然而，对于最近灭绝的动物来说，情况并非如此。因此，灭绝物种复活研究的重点很早就集中在长毛猛犸象身上，它们的尸体被冻在西伯利亚的永久冻土中，有几万年的历史，保存得非常好。2008 年，对其遗传物质的破译是向可能的复活迈出的重要的第一步。不过，这些计划从那以后一直毫无进展。

通往成功的道路是漫长的。据推测，人们不得不用大象的遗传物质填补猛犸象遗传物质中的缺口——其 DNA 序列中只有 70% 是完整的。然后，再使用已经获得实践成功的克隆技术。必须将猛犸象的 DNA 转移到带核的大象卵细胞中，并将发育中的胚胎转移到大象的母亲体内，在这一过程中将由后

者孕育猛犸象宝宝。

其他的灭绝物种复活候选者是北美旅鸽、草原松鸡、大海雀和袋狼，所有这些物种都在前文上有所介绍。这一过程或多或少是相同的。人类甚至已经在一个案例中成功地做到了这一点——起码从短时间来看是这样。2003年，在最后一只比利牛斯山羊被树枝砸死的几年后，一只由山羊和家养山羊杂交而成的代孕母亲，生下了它的克隆体。它重2千克，活了十分钟。然后，该物种第二次遭遇灭绝。

除了围绕克隆的可疑情况——许多胚胎和胎儿死亡或生病——显然，在这种情况下出现了严重的伦理性问题。伴随灭绝物种复活研究而来的批评也愈演愈烈。这个被我们从涅槃中带回来的"死灵动物"要生活在哪里？这些复活的动物会不会重蹈其原始祖先的覆辙？这类研究的价值是不是主要在于研究人员的自我实现？将这种研究所吞噬的资金用于保护自然和拯救仍然存在的物种不是更好吗？俄罗斯科学家正在努力重现猛犸象草原，但谁能保证新的猛犸象不会最终出现在动物园里？无论如何，它们不会是真正的、纯种的"复活者"，因为它们的DNA也会包含现代大象的基因，当然，代孕母体的陌生环境也会对在它体内生长的胎儿产生影响。

必须要将这些灭绝物种复活的尝试与所谓的"复制育种"区分开来，后者试图用常规方法培育出一个在外观上尽可能与灭绝的模式相似的品种。

象牙喙啄木鸟

Campephilus principalis

同义词
天主鸟

同族关系
属于啄木鸟科（Picidae）
中的长冠啄木鸟属（Campe-
philus）

分布
美国东南部

绝种
1944 年在路易斯安那州，
20 世纪 80 年代后期在古巴

绝种原因
栖息地被破坏、狩猎

插图
水彩画，手工上色，
1829 年

众所周知，希望终将破灭。对于许多观鸟者来说，象牙喙啄木鸟几乎享有神话般的地位——他们希望这种壮美的动物能在美国东南部或古巴的某个地方生存下来。然而，到目前为止，所有希望都以失望告终。一次又一次，学识渊博和充分了解它们的粉丝们都希望能一睹象牙喙啄木鸟的芳容，或听到象牙喙啄木鸟的敲击声，有时在佛罗里达州，有时在路易斯安那州或阿肯色州。一些糟糕的电影和录音引发了激烈的讨论，最近的一次是在 2005 年，一支搜索探险队为了 80 万美元的奖金进入阿肯色州东部大森林地区的沼泽地调查一个所谓的鸟类目击事件。为了纪念这种戴着艳丽红色头冠的失踪鸟儿，这个州每年都会举行啄木鸟庆祝日，由于期待着即将与这种叫声像小孩哭啼的失踪啄木鸟重逢，来到该州的游客人数已经飙升了 1/3。但一切都徒劳无功，甚至连悬赏也于事无补。

象牙喙啄木鸟从头冠到尾尖的测量长度超过 50 厘米，它体形巨大，只有同族关系密切、也已灭绝的墨西哥帝啄木鸟超过了这一尺寸。只有雄性象牙喙啄木鸟才戴着红色的羽毛帽，雌雄两性象牙喙啄木鸟都有着象牙色的喙，它们的名字就是由此而来。象牙喙啄木鸟本就并不常见，但收藏家和砍伐老林的木材工业毫无收敛，令它们无法再继续生存。

斯皮克斯金刚鹦鹉

Cyanopsitta spixii

今天，由于现代计算机技术的发展，将已经绝种的动物刻画成真人和动画电影的主角并不罕见，绝种本身成了一个话题就不太寻常了。《里约大冒险》是 2011 年最成功的电影之一，讲述了最后一只雄性斯皮克斯金刚鹦鹉阿蓝被带回故乡巴西，与好斗的雌性鹦鹉茱儿一起拯救自己种群的故事。在电影的结尾，我们看到这对鸟类父母与三只小鸟一同嬉戏玩耍——物种得到了拯救。

当然，现实却完全不同。根据世界自然保护联盟的说法，斯皮克斯金刚鹦鹉自 2000 年以来一直被认为是在野外灭绝——这些美丽的鸟儿在非法宠物交易中的价格高达 60000 美元一只。当时，最后一只已知的自由雄鸟消失得无影无踪，由于之前几次试图让它与人工饲养的雌鸟配对产卵的尝试都失败了，这似乎是斯皮克斯金刚鹦鹉的末日。

多亏了一群热心的环保主义者和斯皮克斯金刚鹦鹉行动计划的空前努力，这种鸟类在如今巴西东北部的卡廷加地区仍然能够迎来一个圆满的大结局。在离它们的家乡很远的，柏林附近的申艾谢，来自世界各地的圈养鸟类聚集在一起；一项育种计划在它们身上展开，项目最初不得不与许多困难作斗争，但最终取得了成功。在今天存活的大约 200 只鸟中，有 50 只在 2020 年被运送到巴西，它们在一个专门建造的重新野化放飞中心度过一年，为它们的"大日子"做准备。

同族关系
属于鹦鹉科（Psittacidae）
的金刚鹦鹉（Arini）

分布
巴西

绝种
于 2000 年在野外绝迹，
于 2021 年首次野化放飞

绝种原因
动物贸易、栖息地被破坏

插图
版画，手工上色，1824 年

棕额扇尾鹟

Rhipidura rufifrons

德国进化生物学家恩斯特·迈尔（Ernst Mayr）专门为了棕额扇尾鹟写了一篇论文，这种鸟类的名字来源于其尾羽的颜色。在马来群岛的岛屿世界，它们为他提供了新物种出现并"积极进化"的典型例子。它们最初的祖先可能来自新几内亚。"一切从这里开始"，迈尔写道，"这些动物在几波移民潮中殖民了周围的岛屿。"他列出了不少于 29 个亚种，包括分布于美国最西端的马里亚纳群岛主岛——关岛的乌拉尼亚（*uraniae*）的那些。

棕额扇尾鹟在那里所面临的问题在世界上独一无二，花了好几年才得到了解决。从 20 世纪 60 年代起，关岛的森林鸟类开始逐渐凭空消失，首先是在岛的南部，然后是中部，最后是北部。到了 20 世纪 60 年代中期，不仅关岛的棕额扇尾鹟消失了，所有其他森林鸟类也消失了，在随后的几十年里，整个生态系统都发生了变化。难道是因为一种禽类疾病？

这个谜题留给了一位年轻的美国博士生来解决。当朱莉·萨维奇（Julie Savidge）最终确定一种引入的蛇是导致这种鸟类死亡的原因时，没有人愿意相信她。直到一位专家与汤姆·弗里茨（Tom Fritts）一起帮助她证明——他发现该岛是世界上蛇类密度最高的地方之一。褐色树蛇（*Boiga irregularis*）混进了军用设备的箱子里，从新几内亚北部的金钟群岛抵达关岛，并从机场不知不觉地扩散到全岛。

同族关系
属于广义鸦科（Corvoidea）
内的扇尾鹟科（Rhipiduridae）

分布
关岛、马里亚纳群岛

绝种
1984 年

绝种原因
物种入侵（褐色树蛇）

插图
版画，手工上色，
1882—1888 年

奥亚吸蜜鸟

Moho braccatus

除了莱桑岛蜜雀（第 97 页）之外，夏威夷还有其他鸟类珍品可供观赏，例如卷尾鸟，波利尼西亚人高度珍视其黑色和黄色的羽毛，并将其制成高级贵族的华丽长袍。卷尾鸟四个物种都已经灭绝，但导致它们消失的原因模型很难重建。它们被猎杀，它们栖息的森林被砍伐，它们被迫以新的动物和植物物种果腹，最后患上了鸟类疟疾——一种致命的疾病，导致它们不得不移居到山上，而那里几乎没有任何树洞可以让它们繁殖。

四种卷尾鸟的最后一种是奥亚吸蜜鸟，它只生活在考艾岛，是一种食虫动物。因为它的歌声，当地人称它为"奥亚（O'o）"，时至今日在油管上搜索考艾岛的奥亚吸蜜鸟，你仍然可以听到它同笛声一般婉转的啼叫。到目前为止，已有 120 多万人浏览了该网页，他们留下了数页的评论，表达了悲伤和沮丧。你可以听到最后一只雄鸟的声音——在它的配偶在飓风中失踪后，它在寂静的森林中呼唤了多年，但没有同伴回应。在考艾岛奥亚吸蜜鸟的案例中，通常失败的事情却获得了成功：寻找一种被认为已经灭绝的鸟。在一个沼泽地区，研究人员发现了一个小规模的存活群体，但这种喜悦只持续了很短的时间。自 1987 年以来，我们只能以录音的形式听到最后一只考艾岛奥亚吸蜜鸟的歌声。

鱼类

　　鱼类拥有 34600 多种，是迄今为止最大、最古老的脊椎动物群。软骨鱼类生活在 4 亿多年前，而骨质鱼类的化石要年轻得多，最长为 2.2 亿年。鱼类有一半的现有物种生活在海里，另一半则生活在淡水里，尽管湖泊、河流和池塘只占大约 3% 的水资源。软骨鱼（鲨鱼、鳐鱼和千鸟鱼）骨骼没有骨化，总共有 1200 个物种，包括今天活着的最大的鱼——鲸鲨。其余超过 33000 种属于在地球上所有水生栖息地发现的多骨鱼。

　　总体而言，鱼类的生物系统仍在不断变化，因为新的物种不断被发现，旧的物种被重新命名或被置于其他的同族关系圈中。世界自然保护联盟尚未将近 40% 的物种列入其名单，因为对这些动物的了解还不够充分。不知道有多少种鱼类被认为已经失踪，甚至已经灭绝。因此，没有关于鱼类绝种的可靠数字。可以肯定的是，到目前为止，被归类为绝种的鱼类动物超过了 80 个。

日内瓦湖白鲑

Coregonus hiemalis

人们认为，现代的绝种往往发生在遥远的、长期无人涉足的遥远异国岛屿上。在人口稠密的欧洲，任何无法应对人类世界的物种在几个世纪前就已经灭绝了。

日内瓦湖白鲑（左中）证明，事实并非如此。日内瓦湖白鲑是一种长约 30 厘米的底栖鱼类，有一双大眼睛，在日内瓦湖的深处安家，以浮游生物为食。为了产卵，它们会转移到湖的较浅区域。

然而，人类对这种鱼类的科研兴趣似乎并不大。即使是世界上最重要的自然历史博物馆也没有一个保存下来的日内瓦湖白鲑标本。难道是日内瓦湖白鲑的绝种来得太突然了？还是人们根本无法想象这种常见的物种会一去不复返呢？在 19 世纪末和 20 世纪初，日内瓦湖白鲑和同样已经灭绝的莱芒湖白鲑（上图）仍然在日内瓦湖中的渔获中占很大比例。它们是受欢迎的食用鱼，人们认为它们的存在是理所当然的，其资源是取之不尽的。另一种可能是像其他湖泊的情况一样，都是水体的过度富营养化造成它们灭绝的。

在这么大的湖泊中，日内瓦湖白鲑是否真的消亡了，我们无法证明，但专家们假设它们已经绝种了，否则在定期进行的调查中肯定会发现它们。淡水鱼的境遇普遍不是很好，欧洲所有鱼类物种中的 1/3 都面临灭绝的威胁。

同义词
小莱芒湖白鲑、白鲑

同族关系
鲑科（Salmonidae）

分布
瑞士日内瓦湖、法国

绝种
1950 年

绝种原因
过度捕捞、水体富营养化

插图
彩色光刻版画，1908 年

喉白鲑
Coregonus gutturosus

同族关系
鲑科（Salmonidae）

分布
德国博登湖、
奥地利和瑞士

绝种
20 世纪 70 年代

绝种原因
除莠剂致富营养化

插图
木版画，手工上色，
1558 年

在阿尔卑斯山和阿尔卑斯山山麓的几个大而深的湖泊中，有一些鱼种与日内瓦湖白鲑（第 112 页）非常相似，它们有着各种当地的通用名称。它们的名字包括奇白鲑、霍弗氏白鲑、高白鲑或白鲑。从外观上看，我们几乎无法区分这些鱼类；它们是否在所有情况下都是真的物种都是一件值得怀疑的事。除了博登湖的白鲑（喉白鲑）之外，还有安美尔湖的白鲑和奇姆塞湖的白鲑。由于日内瓦湖白鲑有时也被称为"白鲑"，所以从术语上来看真的是乱得一塌糊涂。

这些物种中有许多是受欢迎的食用鱼，它们在 19 世纪和 20 世纪初被密集捕捞。然而，不仅仅针对博登湖的白鲑（喉白鲑），另一个事件的影响可能更为重要：流入水体中来自化肥和污水的磷酸盐严重增加。磷酸盐含量在 1979 年达到顶峰，导致水质急剧恶化。由于藻类生长旺盛，氧气含量下降，尤其是在较深的水层和湖底，那里是白鲑的栖息地，它们在那里寻找贻贝和蜗牛为食。在这种情况下，它们的卵几乎无法发育。

随着水质的改善，一些鱼类物种也得到了恢复。不幸的是，这并不适用于博登湖的白鲑（喉白鲑）：世界自然保护联盟将其列为灭绝物种。但是，在瑞士研究人员于 2016 年重新发现了同样已经消失多年的博登湖深水海豹后，人们对白鲑可能也幸存下来的推测有了新的希望。

朴丽鱼属
Haplochromis

同族关系
属于慈鲷科（Cichlidae）

分布
非洲维多利亚湖

绝种
20 世纪 70 年代

绝种原因
物种入侵（尼罗河鲈鱼）

插图
版画，1907 年

我们在这里谈论的不是一个物种，而是一群物种。当地人称大多数仅生活在非洲维多利亚湖中的小型慈鲷为"迪希朴丽鱼"。它们是适应性辐射的结果，通过适应各种生态位分裂成新物种。维多利亚湖在 1.2 万年前就完全干涸了，所以迪希朴丽鱼是非常年轻的物种。它们的特殊化程度令人叹为观止；有些鱼种的嘴是歪的，只吃其他鱼类身体右侧或左侧的鳞片。一度可能存在过 500 种不同的朴丽鱼，但没有人知道，因为荷兰动物学家在进行清点时，湖中的动物种群发生了根本性的变化。

罪魁祸首是我们今天称为"维多利亚鲈鱼"的大型掠食性鱼类，尽管它实际上被称为"尼罗河鲈鱼"，并且仅在 20 世纪 50 年代才被引入维多利亚湖。它本来是要把湖里的"垃圾鱼"——满身骨头的迪希朴丽鱼——转化为商业上能够大卖的多肉鱼。这场行动很成功，但暴利却落在了渔船船主身上，而不是湖边的贫困居民。而生态方面的后果却是毁灭性的，因为湖中几乎所有的地方性鱼种的数量都急剧下降，首先是被尼罗河鲈鱼吃掉并取代的迪希朴丽鱼。在若干年后，它们中的一些品种才得以恢复，全新的生命形式也出现了。没有人知道有多少鱼就此绝种。

两栖动物与爬行动物

　　两栖动物是陆生脊椎动物的第四大类，仍然依赖水进行繁殖，不具备羊膜。它们的卵孵化成水生幼虫，通过鳃呼吸，蜕变成四肢发达、肺部呼吸的青蛙或其他两栖动物。

　　今天，没有其他脊椎动物群像两栖动物那样面临着巨大的压力。已知有 8300 多个两栖动物物种，但其中 1/3 的物种濒临灭绝或面临灭绝的威胁。35 个两栖动物物种被认为已经灭绝。然而，实际数字可能要高得多，因为许多物种已经消失，并且很长时间没有被发现。

　　每个人都知道什么是爬行动物——或者他们认为他们知道：蛇、蜥蜴、鳄鱼和乌龟。然而，生物学家已经从他们的知识储备中删除了"爬行动物"这一术语，而且当他们使用这一术语时，他们对这一词汇的理解也与非专业人员不同。如果他们继续使用旧的术语，就会与自己的规则发生矛盾。

　　当动物和植物物种被归入所谓的分类群时，其目的是建立一个反映实际亲属关系和血统的分类。分类群应该包含最后一个共同祖先的所有物种——而且只有它们——以及母体物种本身。专家称这样的分类群为"单系"。

　　我们通常理解的爬行动物类并不符合这些标准。因为我们至少从 20 世纪 90 年代起就知道鸟类是身披羽毛的小型两足掠食性恐龙的直接后裔，因此，它们本身就是恐龙，就像我们人类是哺乳动物一样。在这种情况下，如果我们遵循术语规则，爬行动

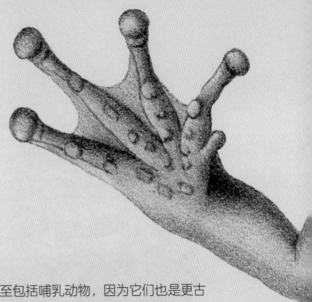

物将会包括鸟类，基本上甚至包括哺乳动物，因为它们也是更古老爬行动物祖先的后代。那么现在该怎么办呢？

如果使用"爬行动物"一词时把鸟类包括进来——这是盎格鲁－撒克逊人语言区（英语区）经常遵循的方式，就会造成外行人和专家们在使用该词表达时完全是在讨论不同的事物。这样可不太好。或者人们创造一个新术语——当然是由生物学家们来主导。但可能从来没有一个真正恰好的时机令这个新术语能被普遍采用——这也不是一个理想的解决方案。

因此，让我们谈论"旧意义上的爬行动物"，鸟类并不包括在内。这里所提到的爬行动物是真正的陆地动物，它们会产卵，但与鸟类一样，不再依赖水进行繁殖。它们的身体上没有毛发或羽毛（因为除了鸟类以外，所有身披羽毛的恐龙都已经灭绝了），取而代之的是角质性的鳞片——像屋顶上的瓦片一样重叠在一起，鳄鱼和乌龟除外。

如今人类已知的爬行动物有 11400 多种；但是，人类每年至少能发现其他 100 种爬行动物，所以，爬行动物物种的总数将继续增长。有 30 种爬行动物已经灭绝，许多物种已经消失，对于大约 1/3 的物种而言，数据情况十分糟糕，人类甚至无法对它们的生存状况进行评估。

平塔岛象龟

Chelonoidis nigra abingdonii

同族关系

陆龟科（Testudinidae）

分布

厄瓜多尔加拉帕戈斯岛的平
塔岛

绝种

1970 年之前

末代

孤独的乔治，于 2012 年
6 月 24 日在加拉帕戈斯
群岛的圣克鲁斯岛去世

绝种原因

物种入侵（山羊）、狩猎

插图

彩色光刻版画，1883 年

这个消息传遍了整个世界：孤独的乔治死了！灭绝之神又带走了另一个物种——那是一只加拉帕戈斯象龟，它在圣克鲁斯的查尔斯－达尔文研究站的一个小围栏里几乎度过了自己长达100 岁生命的一半。1971 年，孤独的乔治被发现在它的家乡平塔岛——一个被山羊破坏殆尽的地方，作为其物种的最后一个活着的代表，一年后被运离。

人们竭尽全力尝试让它繁殖后代。由于平塔岛上没有乌龟，动物园一直在为它寻找配偶，甚至悬赏了 1 万美元。人们实在是没有办法，最终给孤独的乔治介绍了两只伊莎贝拉亚种的雌龟——可惜它们之间"不来电"。它会因为邻近围栏里发生的交配行为而春心大动，还是毫无反应？一名实习生每天把雌性陆龟的阴道分泌物搓在手上触碰它，似乎使孤独的乔治兴奋了起来。但是，依旧什么也没发生。直到几年后，才有几窝蛋在这种催化下出现。尽管如此，孤独的乔治直到最后仍然是形单影只。那些蛋没有发育。

加拉帕戈斯群岛的每个主要岛屿过去都至少拥有一种特有巨龟，总共有 15 种之多。随着孤独乔治的去世，其中的 4 种已经灭绝。但是，人们在伊莎贝拉岛发现了携带其血统中许多基因的动物。孤独的乔治的遗体在纽约接受了防腐处理，在美国自然历史博物馆展出，然后被送回圣克鲁斯岛。

佛得角巨型石龙子

Chioninia coctei

尽管它们的名字听起来有点危险，但石龙子对人类来说是无害的蜥蜴，它们大量栖息在地球的热带地区。由于它们的腿很短，它们像蛇一样蜿蜒移动；许多种类的石龙子都善于利用尾巴攀爬，并生活在树上。

在非洲西海岸的佛得角曾经生活着一种特别大的石龙子，但在历史上只在拉索角和布兰科角的岩石小岛上发现过它。在人工饲养中，这些吃素的动物们能长到近 50 厘米，这与它们的牙齿性质相符；然而，在它们的自然栖息地中，它们与海鸟生活在一起，吃它们的蛋和雏鸟，也吃死鸟。佛得角的人们描述说，这些动物主要在夜间活动，在白天会躲在鸟群中间的岩石缝隙里。

胎生巨型石龙子可能在 20 世纪上半叶就已经灭绝了。当德国爬行动物学家汉斯·赫尔曼·施莱希（Hans-Hermann Schleich）在 1979 年和 1981 年密集寻找胎生巨型石龙子时，他没有发现它们存在的证据。在更大的岛屿上，老鼠、狗和猫已经成为新的竞争者和捕食者，人类也曾猎杀蜥蜴，以便在经济不景气的时候当作食物果腹或作为宠物出售。他们把石龙子的肥肉制成了治疗关节疾病的药膏。巨型石龙子的数量可能太少，而且它们的后代数量也太少，无法长期承受这种生存压力。

同族关系
有鳞目（Squamata）中的石龙子科（Scincidae）

分布
佛得角

绝种
最后一次目击于 1912 年

绝种原因
物种入侵、狩猎

插图
板画，手工上色，1884 年

金蟾蜍和胃育蛙

Incilius periglenes und Rheobatrachus

先前没有对这两种两栖动物的历史描述，而在 19 世纪灭绝的布拉马蛙（Rana brama）（下图右）填补了这一空白，原因很简单：金蟾蜍和胃育蛙在 20 世纪下半叶才被发现——可惜很快就被列入了绝种动物名单。

这只明亮的金黄色蟾蜍只生活在哥斯达黎加蒙特维德的云雾森林中，成为全球两栖动物大量绝种的一个象征。有些人认为它是气候变化的受害者，因为随着温度的上升和干旱的加剧，只在高海拔地区才会形成云层。树梢越来越干燥，丛林正在失去云雾森林的特征。其他人则相信，目前两栖动物的头号杀手——蛙壶菌（Batrachochytrium dendrobatidis）也在这里蔓延。这种真菌已经随着被用于验孕的爪蛙传播到世界各地。

它在澳大利亚尤为泛滥，据信它也与胃育蛙的绝种有关。这些小型两栖动物完全名副其实：雌蛙吞下所产的卵，让卵在它的胃里发育，并让迷你青蛙成体从它的嘴里孵化出来。研究人员已经成功地设法将这些蛙的冷冻基因组转移到一个相关物种的带核卵中，首次创造了一个已灭绝物种的克隆胚胎。然而，这些卵并没能存活过早期阶段。

同族关系

蟾蜍科（Bufonidae）
或龟蟾科（Myobatrachidae）

分布

哥斯达黎加以及澳大利亚的
亚热带地区

绝种

20 世纪 80 年代

末代

无名末代胃育蛙，于 1984
年在饲养室内死亡

绝种原因

壶菌真菌病，气候变化？

插图

平版印刷，手工上色，
1833 年

无脊椎动物

人们平时谈到的动物通常不包括无脊椎动物——一个巨大的、极为异质化的和最为多样化的生物集合体，从甲虫到蚯蚓，从珊瑚虫到海星，它们基本上只有一个共同点：没有脊柱。如果这本书想要大致反映自然界的状况，它就必须专门介绍昆虫、甲壳动物、线虫、水母、章鱼和蜗牛，也许为了不把脊椎动物完全排除在外，还要介绍哺乳动物或鸟类。毕竟，无脊椎动物占所有动物物种的90%以上，也许是99%。我们距离完整的汇总记录还有很长的路要走。仅甲虫的种类就达到鱼类、鸟类、哺乳动物、两栖动物和爬行动物总和的5倍、可能是20倍甚至50倍。

无脊椎动物具体有多少呢？我们不知道，我们可能永远无法统计清楚。而估算得出的差异很大。甲虫的种类肯定有几百万种之多。它们与其他生物一样各不相同，因此不可能有更精确的特征描述。由古代大师们绘制出来，并且从今天的角度来看正确命名的甲虫寥寥无几。两只飞蛾、一只甲虫、一只蚱蜢和一群蜗牛代表了地球上已灭绝无脊椎动物物种的庞大队伍。它们中的大多数可能在我们发现、命名和研究它们之前就已经消失了。

斯氏燕蛾
Urania sloanus

同族关系
属于燕蛾科（Uraniidae）内
的鳞翅目（Lepidoptera）

分布
牙买加

绝种
最后一次目击于 1895 年

绝种原因
栖息地破坏、赖以生存的植
物减少？

插图
蚀刻画，手工上色，
1837 年

菲利普·亨利·戈斯（Philip Henry Gosse，1810—1888）最著名的事迹是创办了第一个公共水族馆，但作为博物学家，他也参与了许多不同领域的研究，并留下了大量的论文。其中包括一本三卷本的著作，讲述了他在加勒比海岛牙买加的时光，从1844 年开始，他在那里为一位自然历史收藏家和经销商工作了18 个月。正是在这段时间里，他结识了斯氏燕蛾（上图）——他笔下"可爱的斯氏燕蛾"。

35 年后，当他在英国的家中想知道这些蛾是否"仍在牙买加壮美的森林中闪烁着绿色、紫色和金色的神秘光芒"时，牧师 J. L. 梅斯（J. L. Mais）回答说："大约在下午五点钟，我的注意力突然被一棵杧果树的树枝吸引住了，它悬在离地面不到六英尺（约 1.8 米）的地方，上面开满了鲜花，简直就是美丽的昆虫天堂。我简直不敢相信自己的眼睛。……事实证明，它们显然是刚刚从蛹中孵化出来、处于绝对完美状态的天王蝶。大约有五十只，在不到两平方米面积的树枝上飞来飞去，在树叶上落脚，张开华丽的翅膀……"

在 19 世纪 70 年代，地方性飞蛾仍然很丰富，但种群的自然波动很大。大约在世纪之交，这种美丽的蝴蝶消失了，再也没有人看到过。为什么？它的毛虫生活在某些大戟植物上。它们所赖以生存的植物是否变得过于稀少了？我们不清楚具体的原因。

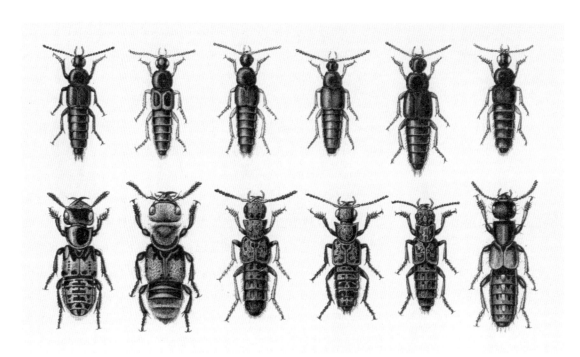

达尔文甲虫

Darwinilus sedarisi

通常情况下，动物物种在被发现几年后就会被授予一个学名并对其进行详细的描述。但这一次却几乎过去了 200 年。为什么会这样？

查尔斯·达尔文在成名之前就已经很热衷于收集甲虫。因此，他从贝格尔号的航行中带回了数以千计的甲虫，其中包括一个来自阿根廷的极为漂亮的隐翅虫标本，其头部和颈部的板甲闪闪发光。达尔文把它定为 708 号。不幸的是，这只甲虫标本已经遗失了，所以没有留下插图；我们展示了一个本地物种的集合，让大家了解第 708 号甲虫的样子。180 年来，这只甲虫一直杳无踪迹。即使人们知道这只甲虫和达尔文收集的其他标本一样仍在伦敦的自然历史博物馆中，想要寻找到这种甲虫可能也是徒劳无功。该藏品系列包括 1000 万只甲虫，保存在 22000 个昆虫箱中。

但在随后的 2008 年，奇迹发生了：一位来自田纳西州查塔努加的分类学家向博物馆索要某种特定血统的甲虫，并发现：从伦敦寄来的甲虫收藏品中有一只是 708 号，因为这只甲虫很突出，它立即吸引了这位先生的注意。因为伟大的达尔文曾收集过它，而且他喜欢在工作时听大卫·塞达里斯（David Sedaris）的有声书，所以这位分类学家将其命名为达尔文甲虫。在野外，这种甲虫大概已经灭绝了。今天的布兰卡——这种甲虫的发现地和达尔文时代的那座大城市看起来完全不同。

物种灭绝进行时——动物区系丧失

我们几乎每年都会经历这种悲惨的景象，并且已经习以为常：自然保护协会和组织公布新的数据显示，虽然动物保护也取得了相当可喜的成就，但濒危和濒临灭绝的动植物物种数量却越来越多。同样在世界自然基金会（WWF）最新的《地球生命力报告》中，也描述了我们的星球上生物多样性的曲线只会朝着一个方向发展的现状：连续13年越来越低。由于农业、森林破坏、采矿、城市化、狩猎、捕鱼、生物入侵和污染，特别是通过施用杀虫剂造成的栖息地破坏，地球上的生物进入第六次全球性大规模灭绝。每年，地球都会失去11000~58000个动物物种。目前的研究表明，如果不采取果断的对策，在未来几十年里，可能会有多达100万个物种灭绝。而气候变化将进一步影响已经严重受损的生物群落。顾左右而言他

毫无意义：人类时代，即"人类世"，对我们星球的动物和植物来说是毁灭性的。

近年来，人们越来越清楚地认识到，仅靠对稀有和濒危物种的关注并不能充分反映出这些物种走向消亡的过程令人震惊的一面。因为动物世界正在全面衰落，以至于人们创造了诸如"动物区系丧失"或"生物湮灭（biological annihilation）"之类的术语来描述这一事件的戏剧性。在过去的40年里，德国的鸟类数量减少了一半，欧盟农业背景下的鸟类繁殖对数比1980年少了30万对。甚至一些国家的椋鸟和麻雀等"普通物种"也被列入红色名单。造成这种情况的一个原因可能是所谓的昆虫死亡，这一现象在德国被发现，但现在在其他国家也得到了证实。海洋生物被捕捞殆尽，鲨鱼等大型捕食性鱼类的种群正经历着灾难性的衰退。自

1950 年以来，海鸟的数量下降了 70%。在亚洲、非洲和南美洲，狩猎和偷猎已经杀死了非常多的大型动物，甚至在雨林仍然存在的地方，空旷森林这一令人毛骨悚然的概念也在四处流传。

用进化生物学家马蒂亚斯·格劳布雷希特（Matthias Glaubrecht）的话来说，"动物区系丧失"意味着："我们已经消灭了与我们一起居住在地球上的所有动物中的大约一半……"自 1980 年以来，仅脊椎动物（个体而非物种）的数量就在全球范围内减少了 2/3，在南美洲和加勒比地区甚至减少了 94%。

如果我们把世界上的哺乳动物放在一个巨大的天平上就会发现，从鼩鼱到蓝鲸，所有野生动物的总重量只占生物量的一小部分：只有 4%。而将近 80 亿的人类就占到了它们的 8 倍，而人类的农场动物又占它们的 2 倍。今天的世界属于人类，属于他们的牛羊。

但这种现状还能持续多久？有没有人真的相信现状可以一直这样发展下去，相信在这样一个物种稀缺和退化的星球上，人类还有值得生存的未来呢？爱德华·威尔逊呼吁保护地球上的一半物种，联合国订立的目标则是 30%。今天，我们离这一目标还有很长的路要走。正是生物多样性赋予了生态系统稳定性和复原力，即在受到干扰后恢复其原始状态的能力。"忽视物种灭绝可能是人类最大的错误。"马蒂亚斯·格劳布雷希特说。无论如何，单一的农业背景下建立小而孤立的自然保护区已经无法满足这个需求了。

泽斯托斯弄蝶

Epargyreus zestos

弄蝶是一个大型的蝴蝶家族，分布在世界各地。大多数品种的弄蝶生活在热带地区，特别是在南美洲和中美洲。泽斯托斯弄蝶的名字来自自己头部相对较大的特征，它们以花蜜为食。

泽斯托斯弄蝶中的雌性在英语中被称为 Epargyreus zestos，它们在某些豆科植物上单独产卵，其毛虫孵化后再从其果腹植物的叶子上啃出自己的藏身之处，也在那里化蛹成蝶。

人们永远也无法摸清昆虫的底细，但在近十年来没有看到这些蝴蝶后，美国鱼类和野生动物管理局在 2013 年宣布这个物种和另一个物种已经灭绝。虽然蝴蝶数量的自然波动很大，但当小的种群也受到飓风或干旱的打击时，一个物种可能会在一夜之间就这样绝种。泽斯托斯弄蝶最后只生活在佛罗里达群岛上，我们在大陆上已经有很长一段时间没有看到它们了。但当事实证明这些蝴蝶形成了只生活在佛罗里达州的亚种时，就表明它们已经绝种了。

有关部门十分担心，因为"授粉者危机"正在恶化。人们常常忘记，蝴蝶也是许多植物的"月老"，为许多植物提供授粉服务。事实上，它们比蜜蜂飞得更远，因为蜜蜂总是要飞回它们的巢穴。

同族关系
弄蝶科（Hesperiidae）

分布
佛罗里达州

绝种
自 2004 年以来没有被目击过

绝种原因
栖息地被破坏、杀虫剂

插图
铜版画，手工上色，
1832 年

落基山岩蝗

Melanoplus spretus

同义词
落基山蝗虫

同族关系
蝗科（Acrididae）

分布
北美西部

绝种
1902 年

绝种原因
栖息地的毁灭？

插图
平面印刷，1878 年

贪婪的蝗虫成群结队地啃噬植被，所到之处一无所剩，这种灾难不仅曾经发生在非洲，现在也并未绝迹。北美洲也曾是落基山蝗虫的故乡，这种大型昆虫偶尔会以难以想象的数量出现。它们就是在 1875 年——"蝗虫之年"肆虐美国西部的阿尔伯特蝗群。这种蝗虫以阿尔伯特·柴尔德（Albert Child）的名字命名，他根据蝗虫群在五天内穿过内布拉斯加州普拉茨茅斯的速度计算出了它们令人难以置信的规模：蝗虫群的肆虐面积约为 52 万平方千米——比加利福尼亚州还要大——据说由大约 13 万亿只蝗虫组成。蝗虫吃掉了田野和花园里生长的一切，还有皮革、木头、羊毛，甚至晾晒的衣服。所造成的损害难以估量。成千上万的农民不得不"举手投降"。

不过，仅仅 30 年后，落基山岩蝗就灭绝了。当然，没有人会为此感到惋惜。其灭绝的原因可能是农民自己通过灌溉和河谷的农业改造，在不知不觉中破坏了昆虫的繁殖地。很难相信，由于人们对这些曾经大量出现的动物收集数量过少，我们现在无法对它们进行有意义的研究。直到最近，这种情况才有所改变，因为在落基山脉的冰川中发现了被冰冻住的整个蝗群。是否有可能在某个地方仍有活着的落基山岩蝗，但因为其数量太少、不再成群结队，因而仍未被发现？一位研究人员在《纽约时报》上撰文表示对此抱有信心。然而，他没有发现任何一只落基山岩蝗。

树蜗牛

Partula turgida

像维多利亚湖中的朴丽鱼属（第 116 页）一样，波利尼西亚的波利尼西亚树蜗牛也形成了一个物种群。它们也"乘着进化火箭"，是一种适应性辐射的产物，在相对较短的时间内产生了几十个新物种。进化生物学家这种事情有着强烈的兴趣。树蜗牛所有不同的颜色和形状变化都是适应性的，还是说一切都是大自然随机分配的？当所有的动物都生活在同一个地方时，怎么会出现新的物种？对于 2002 年去世的哈佛研究员斯蒂芬·杰伊·古尔德（Stephen Jay Gould）来说，关于波利尼西亚树蜗牛的历史研究是进化生物学史上最重要的研究之一。

现在已知有 70 多个树蜗牛品种，其中大溪地的波利尼西亚树蜗牛和社会群岛上的其他种群具有最丰富的多样性。今天，超过 60 种树蜗牛已经灭绝，或者称被"吃掉"可能更准确——它们的天敌是玫瑰狼蜗牛（*Euglandina rosea*），一种原产于北美热带地区的贪婪捕食者。大多数情况下，人们将玫瑰狼蜗牛带入该国以对抗非洲大蜗牛（*Achatina fulica*），后者也是被夹带进来的，并能长到 20 厘米大。但遗憾的是，玫瑰狼蜗牛更喜欢吃当地的树蜗牛。

于是，这种"强盗蜗牛"的受害者不仅仅是树蜗牛，还有 200 多种蜗牛。即使是生活在野外的最后一个波利尼西亚树蜗牛物种也面临着灭绝的威胁；现在，有 10 个品种只生活在生物实验室里。甚至这种安全感也可能具有欺骗性：在伦敦饲养的波利尼西亚树蜗牛因引入寄生虫而患病，并于 1996 年绝种。

同义词
波利尼西亚树蜗牛

同族关系
属于柄眼目（Stylomm-atophora）中的帕图螺科

分布
社会群岛

绝种
20 世纪 70 年代

末代
图尔吉，于 1996 年 1 月 31 日在伦敦动物园去世

绝种原因
物种入侵、栖息地被破坏

插图
彩色碳印画，1925 年

附录

泛舟书海——
文献中的绝种动物

就像栖息在丛林茂密的树叶中一样，动物们也躲藏在书页之间。的确，它们生活的场所不是乔木和灌木的叶片，而是柏林国家图书馆收藏历史书籍的书页。这些作品有些图文并茂，可以追溯到 500 年前，也包含了许多现在已经灭绝的动物物种。这些图片能告诉我们什么？

首先，这些动物的插图证明了它们的存在。袋狼、象牙喙啄木鸟或者喉白鲑——这里展示的许多物种的插图都是在它们可以被发现、观察、科学描述和图解的时候创作的。我们主要从骨头或骨骼发现并了解史前物种，例如猛犸象或洞熊，并在此基础上发展出了图示。

我们对动物物种的了解在很大程度上归功于自然研究，自然研究的代表将他们的研究结果汇编成书并出版。自 16 世纪以来，插图一直发挥着重要作用。今天，插图告诉我们，有关研究人员当时关注哪些动物物种的信息，以及对它们的科学研究如何随着时间的推移而改变。

动物学之父之一、瑞士博物学家康拉德·格斯纳（Conrad Gessner，1516—1565），有五卷本动物学著作《动物史》（ Historia animalium ）于 1551 年至 1587 年间出版。它被视为当时已知的早期现代动物学知识的百科全书。其新颖之处不仅在于对动物大多基于观察的描述和说明，以及广泛的参考书目，而且还在于所讨论物种的大量插图。本书（第 114 页）中展示的喉白鲑是 16 世纪原产于博登湖的原生鱼类之一，因此被收录在动物百科全书中。这幅 1558 年问世的画作是该物种已知最早的插图之一。

值得注意的是，康拉德·格斯纳在给白鲑鱼命名时只给出了俗名，而不是拉丁名 Coregonus gutturosus。直到 18 世纪，瑞典自然学家卡尔·冯·林奈（Carl von Linné）介绍了他的动植物系统人为分类体系，为在动物学和植物学领域建立新的描述流程奠定了理论基础。其中也包括用两部分的拉丁名对物种进行命名的方法，即所谓的双名制命名法，同时将物种重新分类到各自的动物学或植物学体系中。因此，尽管格斯纳已经命名了白鲑鱼的俗名，但它的学名却改变了好几次，直到1818年才确定了现在的种名。

即使名称在此期间已经发生变化，但训练有素的专家们凭借肉眼仍可辨识出所描绘的动物物种。例如，1846年的插图（第30页）中的西欧野牛被称为 *Bos urus*，而今天使用的学名是 *Bos primigenius*。这张画作代表的是动物本身：但是，它并没有展示一个单独的个体，而是展示了具有所有特征的物种的理想形象。在定义物种的过程中确定了哪些特征构成了这个物种，因此必须让人们能够根据这些特征在图中识别出它们。

根据动植物物种统一描述规则，生物多样性知识得以愈加丰富。约翰·克里斯蒂安·丹尼尔·施罗德（Johann Christian Daniel Schreber，1739—1810年）和格奥尔格·海因里希·博罗夫斯基（Georg Heinrich Borowski，1746—1801年）等的插图作品促进了自然学家跨越国界和时空的交流，从而大大促进了动物学知识的传播。

只有专家们通力合作，手工制图才有希望成为可能。首先，手工制图需要像约翰·古尔德这样的学者，他们能够提供对该动物物种的知识，以及像亨利·康斯坦丁·里希特（Henry Constantine Richter，1821—1902年）和约瑟夫·沃尔夫（Joseph Wolf，1820—1899年）这样受雇于古尔德的艺术家。古尔德的妻子伊丽莎白（1804—1841年）也扮演了一个特殊的角色，虽然她英年早逝，但她制作了大量他后来出版的画作。在绘图员和学者之间的密切交流中产生了一幅幅可以作为书籍插图印刷模板的插图。例如，古尔德青睐并在19世纪发展起来的平版印刷术具有的一个优点是，艺术家可以直接将图案转移到平版印刷石上。相比之下，木刻则需要木雕师的熟练手法。随着17世纪和18世纪铜版画的普及，铜版雕版师不得不费力地将图案以镜面形式刻在铜版上。为了制作彩色插图，必须由所谓的调色师给印刷的图案手工上色。调色师的任务是在颜料和画笔的帮助下将黑白原稿转化为彩色图像——为每本书重新制作副本。这样一来，插图就化身成为艺术品，而拥有大量手工插图的书籍就成了藏书家的珍宝。

约翰·古尔德或约翰·詹姆斯·奥杜邦等精心插图的动物学作品见证了所有相关专家的艺术成就。古尔德制作了大约 40 卷对开本，有 3000 多幅手绘插图，大部分是质量上乘的版画。此处展示的有袋动物插图（第 49～58 页）来自《澳大利亚哺乳动物》卷，制作于 1845 年至 1863 年之间，包含 182 个大幅图版。凭借他关于蜂鸟的大量专著（《蜂鸟科或蜂鸟家族专著》*A Monograph of the Trochilidae, or Family of Humming-birds*，1849—1861/1887 年），古尔德首次系统地介绍了当时很受欢迎但研究仍较少的动物种群。插图中蜂鸟羽毛的金属光泽是由于使用了光亮的漆料、透明的油，以及以金箔打底。因此，这些蜂鸟的插图远远超出了科学的需要，从普通的插图变成了昂贵的艺术品。

古尔德和许多其他博物学家一样，会去借鉴大多数女性家庭成员和艺术家的绘画技巧，而奥杜邦则根据自己在旅行中的观察创造了这些物种的水彩画像。与古尔德一样，奥杜邦最初也是一名标本制作者，目的是描绘美国的所有鸟类物种。其成就是为世界上最大和最昂贵的印刷书——《美国鸟类》提供插图。奥杜邦在罗伯特·哈弗尔（Robert Havell 的 1769—1832 年和 1793—1878 年）的工作室里用水彩工艺精心制作了总共 435 张双向对开版画（约 68 厘米 ×102 厘米），于 1827 年至 1838 年出版。与早期的插图作品，如施雷伯（Schreber）或博罗夫斯基（Borowski）每个物种通常只展示一个个体的作品相比，奥杜邦展示了一群在典型景观或特征植物前运动的动物，这些植物真实地再现了动物生活的自然场景。

动物学家艾尔弗雷德·埃德蒙·布雷姆（Alfred Edmund Brehm，1829—1884 年）的《动物生活》中对动物群落的描绘，即所谓的生物群体，也具有决定性意义。他通过其广受欢迎的作品意图让广大读者能够接触到自然历史知识。除了通俗化的描述之外，在第一版中以非彩色木刻画的形式加入了大量的插图，大大促进了他多卷本动物百科全书的普及。此处使用的巨龟图片（第 120 页）来自罕见的彩色版本，其中整页版材采用彩色平版印刷。

随着 19 世纪末生物学进化论为人所接受，物种变异性的知识变得越来越重要，对与波利尼西亚树蜗牛相同物种单个系列的绘图（第 139 页）就是一个鲜明的例子。此外，彩色碳印画等机械印刷工艺简化了彩色印版的生产，从而使更大的印刷量成为可能。

书中的动物插图肩负着普及自然历史知识的重任，无论它们是简单印刷品还是设计复杂的手工上色版画。相关书籍愈加丰富，大量出版物增加了人们关于动物物种的知识，从而为后人所用。由于博物学家、艺术家和印刷商之间的密切合作，我们仍然可以对现已灭绝的动物物种有所了解。

卡特琳·伯姆博士
柏林国家图书馆历史版画部

自然历史博物馆

它们是保存地球生物多样性并为研究进行分类的档案馆。人们只有在馆藏中才能仍然看到袋狼、斑驴或其他已经灭绝的物种的样子。在德国、奥地利和瑞士设有大量的自然历史博物馆,通常具有当地特色,这里只列出了主要的博物馆,然后是欧洲其他国家和北美主要博物馆的简明清单。

德国

德国自然科学博物馆
因瓦里登大街 43 号
10115 柏林
www.museumfuernaturkunde.berlin/de

自然历史中心(CeNak)
莱布尼兹生物多样性变化分析研究所(LIB)
马丁路德金广场 3 号
20146 汉堡
www.cenak.uni-hamburg.de hamburg.leibniz-lib.
de/ausstellungen/museum-zoologie

法兰克福森肯贝格自然历史博物馆
森肯贝格园区 25 号
60325 法兰克福
museumfrankfurt.senckenberg.de

动物学研究博物馆
亚历山大 · 科尼格
阿登纳大街 160 号
53113 波恩
www.zfmk.de

德国海事博物馆
凯瑟琳伯格 14 ~ 20 号
18439 施特拉尔松德
www.meeresmuseum.de

奥地利

维也纳自然史博物馆
玛丽亚 · 特蕾西亚广场
1010 维也纳
www.nhm-wien.ac.at

自然博物馆
约阿尼姆区
8010 格拉茨
www.museum-joanneum.at/naturkunde-museum

萨尔茨堡自然历史博物馆
自然与科技博物馆
博物馆广场 5 号
5020 萨尔茨堡
www.hausdernatur.at/de

瑞士

巴塞尔自然历史博物馆

奥古斯丁街 2 号

4051 巴塞尔

www.nmbs.ch

伯尔尼自然历史博物馆

伯尔纳大街 15 号

3005 伯尔尼

www.nmbe.ch

瑞士自然历史博物馆

马拉格努路 1 号

1208 日内瓦

institutions.ville-geneve.ch/fr/mhn

国际

英国自然历史博物馆

克伦威尔路

伦敦 SW75BD

www.nhm.ac.uk

法国国家自然历史博物馆

植物花园

居维叶街 57 号

75005 巴黎

www.mnhn.fr

比利时皇家自然科学研究所

沃蒂埃街 29 号

1000 布鲁塞尔

www.naturalsciences.be/de/museum/home

荷兰自然生物多样性中心

达尔文街 2 号

2333CR 莱顿

www.naturalis.nl

美国自然历史博物馆

中央公园西 200 号

纽约 NY10024–5102

www.amnh.org

美国菲尔德博物馆

南湖岸路 1400 号

伊利诺伊州芝加哥 IL60605

www.fieldmuseum.org

美国史密森尼国家自然历史博物馆

麦迪逊街西北 1000

华盛顿特区 D. C. 20560

www.naturalhistory.si.edu

加拿大自然博物馆

加拿大安大略省渥太华

麦克劳德街 240 号

www.nature.ca

自然和物种保护倡议

物种一旦灭绝，将令人追悔莫及。这就是为什么全世界的人都在努力防止越来越多的珍稀和濒危物种绝种，而且这一承诺和努力正变得越来越重要。以下选择性介绍了主要国家和国际上的自然和物种保护组织。

德国

德国自然、动物和环境保护组织理事会（DNR）
www.dnr.de

德国环境与自然保护协会（BUND）
www.bund.net/bund-tipps/tiere-und-pflanzen-schuetzen

德国自然与生物多样性保护联盟
www.nabu.de/tiere-und-pflanzen/arten-schutz

世界自然基金会德国分会
www.wwf.de/themen-projekte/bedrohte-tier-und-pflanzenarten

www.wwf.de/themen-projekte/artenschutz-und-biologische-vielfalt

德国联邦自然保护局
www.bfn.de/themen/artenschutz.html

奥地利

奥地利自然与生物多样性保护联盟
www.naturschutzbund.at/artenschutz.html

奥地利联邦环境局
www.umweltbundesamt.at/umweltthemen/naturschutz/artenschutz

世界自然基金会奥地利分会
www.wwf.at/das-schuetzen-wir/bedrohte-arten

瑞士

"善待自然"组织
www.pronatura.ch/de/artenschutz

世界自然基金会瑞士分会
www.wwf.ch/de/tierarten

Pro Specie Rara 基金会
www.prospecierara.ch/tiere.html

国际

世界自然保护联盟（IUCN）
www.iucn.org/theme/species

联合国环境署世界保护监测中心
www.unep-wcmc.org

物种保护数据库

Artensterben.de- 灭绝或绝迹的物种
www.artensterben.de

国际物种保护科学信息系统（波恩联邦自然
保护局的物种保护数据库）
www.wisia.de/prod/index.html

OASIS- 奥地利物种保护信息系统（奥地利
联邦环境局）
www.umweltbundesamt.at/umweltthemen/
naturschutz/artenschutz/artenschutz-daten-bank

瑞士受威胁物种红色名录（瑞士物种保护）
www.artenschutz.ch/rlist.htm

世界自然保护联盟（IUCN）濒危物种红色
名录
www.iucnredlist.org

参考文献

6 Andrew Schultz (2006): www.andrewschultz.net/program-note/endling-orchestra-opus-72 | **7** Vogelfauna Neuseelands: Luis Valente u. a.: »Deep macroevolutionary impact of humans on New Zealand's unique avifauna«, *Current Biology* 29 (2019), S. 2563–2569 | **8** BirdLife International zur Zahl der Campbellenten: Campbell Teal *Anas nesiotis*, www.datazone.birdlife.org/species/factsheet/campbell-teal-anas-nesiotis/details | **9** Verlust-ausgleich durch neue Arten: Jens Boenigk & Sabina Wodniok: *Biodiversität und Erdgeschich-te*, Berlin/Heidelberg 2014 | **10** Aussterben durch Asteroideinschlag: Elizabeth Kolbert: *Das 6. Sterben. Wie der Mensch Naturgeschichte schreibt*, Berlin 2015; David Raup: *Ausgestorben: Zufall oder Vorsehung?*, Köln 1992, S. 104 f. | **12** Schwarzbrauen-Mausdrossling: Panji Gusti Akbar u. a.: »Missing for 170 years – the rediscovery of Black-browed Babbler *Malacocincla perspicillata* on Borneo«, *BirdingASIA* 34 (2020), S. 13–14; Wiedergefundene Arten: Brett Scheffers u. a.: »The world's rediscovered species: back from the brink?«, *PLoS ONE* 6(7): e22531 (2011); Erneute Einstufung als bedrohte Arten: ebd. | **13** IUCN: *IUCN Red List categories and criteria: Version 3.1*, 2. Aufl., Gland/Schweiz und Cambridge/UK 2012, S. 14 | **14** Aussterben durch Asteroideinschlag: Elizabeth Kolbert: *Das 6. Sterben*, Berlin 2015 | **15** Molekulargenetische Untersuchungen: Erin Fry u. a.: »Functional architecture of deleterious genetic variants in the genome of a Wrangel Island mammoth«, *Genome Biology and Evolu-tion* 12 (2020), S. 48–58 | **17** Säugetier-Datenbank: www.mammaldiversity.org; Connor Burgin u. a.: »How many species of mammals are there?«, *Journal of Mammalogy* 99 (2018), S. 1–14 | **19** Gilbert Price u. a.: »Seasonal migration of marsupial megafauna in Pleistocene Sahul (Australia–New Guinea)«, *Proceedings of the Royal Society B* 284: 20170785 (2017); Australian Museum: *Diprotodon optatum*, www.australian.museum/learn/australia-over-time/extinct-animals/diprotodon-optatum | **20** Webb Miller u. a.: »Sequencing the nuclear genome of the extinct woolly mammoth«, *Nature* 456 (2008), S. 387–390 | **23** Joscha Gretzinger u. a.: »Large-scale mitogenomic analysis of the phylogeography of the Late Pleistocene cave bear«, *Scientific Reports* 9, Nr. 10700 (2019); Axel Barlow u. a.: »Partial genomic survival of cave bears in living brown bears«, *Nature Ecology & Evolution* 2 (2018), S. 1563–1570 | **24** Frédéric Delsuc u. a.: »Ancient mitogenomes reveal the evolutionary history and biogeogra-phy of sloths«, *Current Biology* 29 (2019), S. 2031–2042 | **26** Stephanie Marciniak u. a.:» Evolutionary and phylogenetic insights from a nuclear genome sequence of the extinct, giant ›subfossil‹ koala lemur *Megaladapis edwardsi*«, bioRxiv (2020), www.doi.org/ 10.1101/2020.10.16.342907; Sarah Federman u. a.: »Implications of lemuriform extinctions for the Malagasy flora«, *PNAS* 113 (2016), S. 5041–5046 | **28 f.** Bernhard Kegel: *Ausgestor-ben, um zu bleiben. Dinosaurier und ihre Nachfahren*, Köln 2018 | **31** Arbeitsgemeinschaft Biologischer Umweltschutz im Kreis Soest e. V.: »Wie sah der Auerochse aus?«, www.abu-naturschutz.de/was-wir-auch-noch-tun/taurus-rinder-zucht/wie-sah-der-auerochse-aus; Alba-no Beja-Pereira u. a.: »The origin of European cattle: Evidence from modern and ancient

DNA«, *PNAS* 103 (2006), S. 8113–8118 | **33** Elisabeth Hempel u. a.: »Identifying the true number of specimens of the extinctblue antelope (*Hippotragus leucophaeus*)«, *Scientific Reports* 11, Nr. 2100 (2021) | **35** Jennifer Leonard u. a.: »A rapid loss of stripes: the evolutionary history of the extinct quagga«, *Biology Letters* 1 (2005), S. 291–295 | **36** Charleen Gaunitz u. a.: »Ancient genomes revisit the ancestry of domestic and Przewalski's horses«, *Science* 360 (2018), S. 111–114 | **38** Gerardo Ceballos, Anne Ehrlich & Paul Ehrlich: *The Annihilation of Nature. Human Extinction of Birds and Mammals*, Baltimore 2015; Jeremy Austin u. a.: »The origins of the enigmatic Falkland Islands wolf«, *Nature Communications* 4, Nr. 1552 (2013) | **41** Bridgett von Holdt u. a.: »A genome-wide perspective on the evolutionary history of enigmatic wolf-like canids«, *Genome Research* 21 (2011), S. 1294–1305; M. Phillips: Red Wolf – *Canis rufus. The IUCN Red List of threatened species* (2018), www.iucnredlist.org/species/3747/163509841; Lucy Sherriff: »Can red wolves come back from the brink of extinction again?«, *Guardian* (2021), www.theguardian.com/environment/2021/mar/10/can-red-wolves-come-back-from-the-brink-of-extinction-again-aoe | **42** Po-Jen Chiang u. a.: »Is the clouded leopard *Neofelis nebulosa* extinct in Taiwan, and could it be reintroduced? An assessment of prey and habitat«, *Oryx* 49 (2014), S. 261–269; Keoni Everington: »›Extinct‹ Formosan clouded leopard spotted in E. Taiwan«, *Taiwan News* (2019), www.taiwannews.com.tw/en/news/3644433 | **45** Sarah Brook u. a.: *WWF-Report 2011: Extinction of the Javan Rhinoceros* (Rhinoceros sondaicus)«, Vietnam u. a. 2011; Susie Elli & Bibhab Talukdar: Javan Rhinoceros – *Rhinoceros sondaicus. The IUCN Red List of Threatened Species* (2020), www.iucnredlist.org/species/19495/18493900 | **46 f.** Matthias Glaubrecht: *Das Ende der Evolution – Der Mensch und die Vernichtung der Arten*, München 2019; C. N. Johnson u. a.: »What caused extinction of the Pleistocene megafauna of Sahul?«, *Proceedings of the Royal Society B* 283: 20152399 (2016); Christopher Sandom u. a.: »Global late Quaternary megafauna extinctions linked to humans, not climate change«, *Proceedings of the Royal Society B* 281: 20133254 (2014); Stephen Wroe u. a.: »Climate change frames debate over the extinction of megafauna in Sahul (Pleistocene Australia-New Guinea)«, *PNAS* 110 (2013), S. 8777–8781 | **48** Julia Leigh: *Der Jäger*, Frankfurt a. M. 2002; Brandon Menzies u. a.: »Limited genetic diversity preceded extinction of the Tasmanian tiger«, *PLoS ONE* 7(4): e35433 (2012); Peter Savolainen u. a.: »A detailed picture of the origin of the Australian dingo, obtained from the study of mitochondrial DNA«, *PNAS* 101 (2004), S. 12387–12390 | **51** Ian Abbott: »Historical perspectives of the ecology of some conspicuous vertebrate species in south-west Western Australia«, *Conservation Science Western Australia* 6 (2008), S. 1–214, hier S. 66 | **52** Andrew Burbidge & J. Woinarski: Eastern Hare-wallaby – *Lagorchestes leporides. The IUCN Red List of Threatened Species* (2016), www.iucnredlist.org/species/11163/21954274#habitat-ecology; John Gould: *The Mammals of Australia*, Bd. 2, London 1863, S. 67 | **55** Andrew Burbidge u. a.: »Aboriginal knowledge of the mammals of the central deserts of Australia«, *Wildlife Research* 15 (1988), S. 9–39; Andrew Burbidge & J. Woinarski: Pig-footed Bandicoot – *Chaeropus ecaudatus. The IUCN Red List of Threatened Species* (2016), www.iucnredlist.org/species/4322/21965168 | **56** John Gould: *The Mammals of Australia*, Bd. 2, London 1863, S. 25; Australian Government/Department of Agriculture, Water and the Environment: *Notamacropus greyi* – Toolache Wallaby, www.environment.gov.au/cgi-bin/sprat/public/publicspecies.pl?taxon_id=232 | **59** Elizabeth Denny & Christopher Dickman: *Review of Cat Ecology and Management Strategies in Australia*, Canberra 2010; Andrew Burbidge & J. Woinarski: Broad-faced Potoroo – *Potorous platyops. The IUCN Red List of Threatened Species* (2016), www.iucnredlist.org/species/18103/21960570 | **60** James Estes u. a.: »Sea otters, kelp forests, and the extinction of Steller's sea cow«, *PNAS* 113 (2016), S. 880–885; Hans Rothauscher: *Die Stellersche Seekuh: Monografie der ausgestorbenen Nordischen Riesenseekuh* Hydrodamalis gigas, Norderstedt 2008 | **62** L. Lowry: Japanese Sea Lion – *Zalophus japonicus* (amended version of 2015 assessment). *The IUCN Red List of Threatened Species* (2017), www.iucnredlist.org/species/41667/113089431 | **65** IOC World Bird List (2021): www.worldbirdnames.org/new; Bernhard Kegel: *Ausgestorben, um zu bleiben*, Köln 2018 | **67** Bernhard Kegel: *Tiere in der Stadt. Eine Naturgeschichte*, Köln 2013; Johannes Fritz u. a.: »Biologging is suspect to cause corneal opacity in two populations of wild living Northern Bald Ibises (*Geronticus eremita*)«, *Avian Research* 11, Nr. 38 (2020) | **69** David Quammen: *Der Gesang des Dodo. Eine Reise durch die Evolution der Inselwelten*, München 1998, S. 347 | **70 f.** Bernhard Kegel: *Die Ameise als Tramp. Von biologischen Invasionen*, Köln 2013; David Quammen: *Der Gesang des Dodo*, München 1998; Edward O. Wilson: *Der Wert der Vielfalt. Die Bedrohung der Artenvielfalt und das Überleben des Menschen*, München 1996 (Original: 1992), S. 271 f. | **72** Elizabeth Kolbert: *Das 6. Sterben*, Berlin 2015, S. 66 | **74** Steven Trewick: »Flightlessness and phylogeny amongst endemic rails (Aves: Rallidae) of the New Zealand region«, *Philosophical Transactions of the Royal Society B* 352 (1997), S. 429–446; BirdLife International: Dieffenbach's Rail – *Hypotaenidia dieffenbachii. The IUCN Red List of Threatened Species* (2016), www.iucnredlist.org/fr/species/22692455/93354540 | **77** Gerald Mayr: »Old world fossil record of modern-type hummingbirds«, *Science* 304 (2004), S. 861–864 | **79** Mark Seabrook-Davison u. a.: »Ancient DNA resolves identity and phylogeny of New Zealand's extinct and living quail (*Coturnix sp.*)«, *PLoS ONE* 4(7): e6400 (2009) | **81** John Gould: *The Birds of Australia*, Bd. 5, London 1848; BirdLife International: Norfolk Kaka – *Nestor productus. The IUCN Red List of Threatened Species* (2016), www.iucnredlist.org/species/22684834/93049105 | **82** Carolyn King: *Immigrant Killers. Introduced Predators and the Conservation of Birds in New Zealand*, Oxford 1984 | **85** Michael Szabo: »Huia, the sacred bird«, *New Zealand Geographic* 20 (1993) | **86 f.** Lian Pin Koh u. a.: »Species coextinctions and the biodiversity crisis«, *Science* 305 (2004), S. 1632–1634; Melinda Moir u. a.: »Current constraints and future directions in estimating coextinction«, *Conservation Biology* 24 (2010), S. 682–690; Michael Bunce u. a.: »Ancient DNA provides new insights into the evolutionary history of New Zealand's extinct giant eagle«, *PLoS Biol* 3(1): e9 (2005) | **88** Elizabeth Pennisi: »Four billion passenger pigeons vanished«, *Science* 365 (2019), S. 1228–1229 | **90** Eric Palkovacs u. a.: »Genetic evaluation of a proposed introduction: the case of the greater prairie chicken and the extinct heath hen«, *Molecular Ecology* 13 (2004), S. 1759–1769 | **93** Kevin Burgio u. a.: »Lazarus ecology: Recovering the distribution and migratory patterns of the extinct Carolina parakeet«, *Ecology and Evolution* 7 (2017), S. 5467–5475 | **94** Per Ericson u. a.: »A genomic perspective of the pink-headed duck *Rhodonessa caryophyllacea* suggests a long history of low effective population size«, *Scientific Reports* 7, Nr. 16853 (2017); BirdLife International Data Zone: Pink-headed duck *Rhodonessa caryophyllacea* (2017), www.datazone.birdlife.org/species/factsheet/pink-headed-duck-rhodonessa-caryophyllacea/text | **97** Steven Fancy & C. John Ralph: »Apapane (*Himatione sanguinea*)«, in: Alan Poole & Frank Gill (Hrsg.): *The birds of North America*, Nr. 296, Philadelphia, PA/Washington, D. C. 1997 | **98** David Quammen: *Der Gesang des Dodo*, München 1998, S. 418 | **100 f.** Britt Wray: *Das Mammut aus der Tiefkühltruhe*, München 2018 | **103** »Verschollener Specht«, *Spiegel* 13 (2006), www.spiegel.de/wissenschaft/verschollener-specht-a-ffd14529-0002-0001-0000-000046421557; BirdLife International Data Zone: Ivory-billed woodpecker *Campephilus principalis*, www.datazone.birdlife.org/species/factsheet/ivory-billed-woodpecker-campephilus-principalis/text | **104** Museum für Naturkunde Berlin: »Die Rückkehr des Spix-Aras«, www.museumfuernaturkunde.berlin/de/ueber/neuigkeiten/die-rueckkehr-des-spix-aras; Christiane Habermalz: »Sind die letzten Spixaras der Welt in Brandenburg in guten Händen?«, *RiffReporter* (2019), www.riffreporter.de/de/umwelt/recherche-blog-papageien-artenschutz | **106** Thomas Fritts & Gordon Rodda: »The role of introduced species in the degradation of island ecosystems: A case history of Guam«, *Annual Review of Ecology and Systematics* 29 (1998), S. 113–140; Ernst Mayr & Martin Moynihan: »Evolution in the *Rhipidura rufifrons* group«, *American Museum Novitates* 1321 (1946), S. 1–21 | **109** Sheila Conant u. a.: »Reflections on a 1975 expedition to the lost world of the Alaka'i and other notes on the natural history, systematics, and conservation of Kaua'i birds«, *The Wilson Bulletin* 110 (1998), S. 1–22; Der Gesang des Endlings: www.youtube.com/watch?v=nDRY0CmcYNU | **110** Fisch-Datenbank: www.fishbase.de | **112** Romolo Fochetti: »Italian freshwater biodiversity: Status, threats and hints for its conservation«, *Italian Journal of Zoology* 79 (2012), S. 2–8 | **115** Artensterben: www.artensterben.de/index.php/2018/03/10/bodensee-kilch; Andri Bryner: »Überraschendes aus den Tiefen der Schweizer Seen«, Eawag – aquatic research (2016), www.eawag.ch/de/news-agenda/news-plattform/news/ueberraschendes-aus-den-tiefen-der-schweizer-seen | **117** Tijs Goldschmidt: *Darwins Traumsee. Nachrichten von meiner Forschungsreise nach Afrika*, München 1997; Frans Witte u. a.: »Recovery of cichlid species in Lake Victoria: An examination of factors leading to differential extinction«, *Reviews in Fish Biology and Fisheries* 10 (2000), S. 233–241 | **118 f.** Sean Modesto & Jason Anderson: »The phylogenetic definition of reptilia«, *Systematic Biology* 53 (2004), S. 815–821; American Museum of Natural History, New York: *Amphibian species of the world 6.1, an online reference* (Datenbank), www.amphibiansoftheworld.amnh.org; Reptilien-Datenbank: www.reptile-database.org | **121** Lothar Frenz: *Lonesome George oder Das Verschwinden der Arten*, Berlin 2012 | **122** R. Vasconcelos: Cape Verde Giant Skink – *Chioninia coctei. The IUCN Red List of Threatened Species* (2013), www.iucnredlist.org/species/ 13152363/13152374; Hans-Hermann Schleich: »Letzte Nachforschungen zum kapverdischen Riesenskink, *Macroscincus coctei* (Duméril & Bibron 1839)«, *Salamandra* 18 (1982), S. 78–85 | **124** J. Alan Pounds u. a.: »Widespread amphibian extinctions from epidemic disease driven by global warming«, *Nature* 439 (2006), S. 161–167; Ed Yong: »Resurrecting the extinct frog with a stomach for a womb«, *National Geographic* (2013), www.nationalgeographic.com/science/article/resurrecting-the-extinct-frog-with-a-stomach-for-a-womb | **129** Philip Henry Gosse: »Urania sloanus at home«, *The Entomologist* 13 (1880), S. 133–135, hier S. 135; David Lees: »Urania sloanus«, Natural History Museum, www.web.archive.org/web/20150221082225/http://www.nhm.ac.uk/nature-online/species-of-the-day/biodiversity/loss-of-habitat/urania-sloanus/index.html | **131** Stylianos Chatzimanolis: »Darwin's legacy to rove beetles (Coleoptera, Staphylinidae): A new genus and a new species, including materials collected on the Beagle's voyage«, *ZooKeys* 379 (2014), S. 29–41 | **132 f.** Yinon Bar-On u. a.: »The biomass distribution on Earth«, *PNAS* 115 (2018), S. 6506–6511; Rodolfo Dirzo u. a.: »Defaunation in the Anthropocene«, *Science* 345 (2014), S. 401–406; WWF: *Living Planet Report 2020 – Bending the curve of biodiversity loss* (PDF), hrsg. v. Rosamunde Almond, Monique Grooten & Tanya Petersen, WWF, Gland/Schweiz 2020; Fred Langer: »Das Artensterben zu ignorieren ist der vielleicht größte Fehler der Menschheit«, *GEO* (2021), www.geo.de/natur/tierwelt/ist-die-artenvielfalt-zu-bewahren--30492884.html | **134** National Parks Traveler: »Butterflies native to South Florida most likely extinct« (2013), www.nationalparkstraveler.org/2013/06/butterflies-native-south-florida-most-likely-extinct23448 | **137** Carol Kaesuk Yoon: »Looking back at the days of the locust«, *The New York Times* (2002); Jeffrey Lockwood: »Voices from the past: What we can learn from the Rocky Mountain locust«, *American Entomologist* 47 (2001), S. 208–215 | **138** Bernhard Kegel: *Die Ameise als Tramp*, Köln 2013; Claire Régnier u. a.: »Not knowing, not recording, not listing: Numerous unnoticed mollusk extinctions«, *Conservation Biology* 23 (2009), S. 1214–1221 | **142– 145** Lorraine Daston & Peter Galison: *Objektivität*, Frankfurt a. M. 2007; Angela Fischel: *Natur im Bild: Zeichnung und Naturerkenntnis bei Conrad Gessner und Ulisse Aldrovandi*, Berlin 2009; Martin Kemp: *Bilderwissen: die Anschaulichkeit naturwissenschaftlicher Phänomene*, Köln 2003; Fons van der Linden: *DuMont's Handbuch der grafischen Techniken: Manuelle und maschinelle Druckverfahren, Hochdruck, Tiefdruck, Flachdruck, Durchdruck, Reproduktionstechniken, Mehrfarbendruck*, Köln 1983; Sybilla Nikolow & Lars Bluma: »Die Zirkulation der Bilder zwischen Wissenschaft und Öffentlichkeit. Ein historiographischer Essay«, in: Bernd Hüppauf & Peter Weingart (Hrsg.): *Frosch und Frankenstein – Bilder als Medium der Popularisierung von Wissenschaft*, Bielefeld 2009, S. 45–78; Claus Nissen: *Die zoologische Buchillustration: Ihre Bibliographie und Geschichte*, Bd. 2: *Geschichte*, Stuttgart 1978; Charlotte Sleigh: *The Paper Zoo. 500 Years of Animals in Art*, Chicago/London 2017; Julia Voss: *Darwins Bilder. Ansichten der Evolutionstheorie 1837 bis 1874*, Frankfurt a. M. 2007; Wilhelm Weber: *Saxa loquuntur. Steine reden. Geschichte der Lithographie*, 2 Bde., Heidelberg/Berlin 1961/1964; Hans-Jörg Wilke: *Die Geschichte der Tierillustration in Deutschland 1850–1950*, Rangsdorf 2018; Barbara Wittmann: »Das Porträt der Spezies. Zeichnen im Naturkundemuseum«, in: Christoph Hoffmann (Hrsg.): *Daten sichern. Schreiben und Zeichnen als Verfahren der Aufzeichnung*, Zürich u. a. 2008, S. 47–72.

图片来源

除非有其他说明，本书的所有插图都由柏林国家图书馆提供。

Umschlagvorderseite Dodo (Detail), aus: Georg Heinrich Borowski: *Gemeinnützige Naturgeschichte des Thierreichs*, Bd. 2, Berlin/Stralsund 1781 (Lk 4105-2), Taf. Av XXV **| Umschlagrückseite** Uraniafalter (Detail), aus: James Duncan: *The Natural History of Foreign Butterflies*, Edinburgh 1837 (Lk 8998-36), Taf. 29 **| 18** Riesenwombat, aus: Richard Owen: *Researches on the Fossil Remains of the Extinct Mammals of Australi*a, Bd. 2, London 1877 (4° Mi 5634-Plates), Taf. XXXV **| 21** Wollhaarmammut, aus: Henry Neville Hutchinson: *Extinct Monsters*, London 1893 (Mi 4202<3>), S. 205, Taf. XX **| 22** Höhlenbär, aus: F. John: *Tiere der Urwelt*, Bd. 2, Hamburg-Wandsbek 1902 (B XVIII 3b, 778-1/2), Taf. 4 **| 25** Riesenfaultier, aus: Henry Neville Hutchinson: *Extinct Monsters*, London 1893, S. 181, Taf. XVIII **| 27** Koalalemur, aus: F. John: *Tiere der Urwelt*, Bd. 2, Hamburg-Wandsbek 1902, Taf. 10 **| 30** Auerochse, aus: Johann Christian Daniel Schreber: *Die Säugthiere in Abbildungen nach der Natur mit Beschreibungen*, Leipzig 1855 (4° Ln 1450-Kupfer, 5/7), Taf. CCXCV **| 32** Blaubock, aus: Johann Christian Daniel Schreber: *Die Säugthiere in Abbildungen nach der Natur mit Beschreibungen*, Leipzig 1855, Taf. CCLXXVIII **| 34** Quagga, aus: Johann Christian Daniel Schreber: *Die Säugthiere in Abbildungen nach der Natur mit Beschreibungen*, Leipzig 1855, Taf. CCCXVII **| 37** Tarpan, aus: Charles Hamilton Smith: *The Natural History of Horses*, Edinburgh 1841 (Lk 8998-12), Taf. III **| 39** Falklandfuchs, aus: Saint George Jackson Mivart: *Dogs, Jackals, Wolves, and Foxes*, London 1890 (4° Ln 5431), Taf. zu S. 26 **| 40** Florida-Rotwolf, aus: John James Audubon: *The Viviparous Quadrupeds of North America*, New York/Philadelphia 1845–1848 (gr.2° Ln 13801-1/2<a>), Taf. LXVII **| 43** Taiwanischer Nebelparder, aus: Zoological Society of London, *Proceedings of the Zoological Society of London*, 1862 (Lk 1530.1862), Taf. XLIII **| 44** Bengalisches Java-Nashorn, aus: Johann Christian Daniel Schreber: *Die Säugthiere in Abbildungen nach der Natur mit Beschreibungen*, Leipzig 1855, Taf. CCCXVII E **| 49** Beutelwolf, aus: John Gould: *The Mammals of Australia*, London 1863, Bd. 1 (gr.2° Ln 13903-1 u 2), Taf. 54 **| 50** Mondnagelkänguru, aus: John Gould: *The Mammals of Australia*, Bd. 2, London 1863, Taf. 55 **| 53** Östliches Hasenkänguru, aus: John Gould: *The Mammals of Australia*, Bd. 2, London 1863, Taf. 57 **| 54** Stützbeutler, aus: John Gould: *The Mammals of Australia*, Bd. 1, London 1863, Taf. 6 **| 57** Östliches Irmawallaby, aus: John Gould: *The Mammals of Australia*, Bd. 2, London 1863, Taf. 19 **| 58** Breitkopf-känguru, aus: John Gould: *The Mammals of Australia*, Bd. 2, London 1863, Taf. 70 **| 61** Stellers Seekuh, aus: Henry Neville Hutchinson: *Extinct Monsters*, London 1893, S. 249, Taf. XXVI **|63** Japanischer Seelöwe, aus: Philipp Franz von Siebold: *Fauna Japonica Sive Descriptio animalium, quae in itinere per Japoniam*, Leiden 1842 (2° Lv 12794- Mammalia), Taf. 21 **| 66** Waldrapp, aus: Georg Heinrich Borowski: *Gemeinnützige Naturgeschichte des*

Thierreichs, Bd. 2, Berlin/Stralsund 1781, Taf. Av IX B | **68** Dodo, aus: Georg Heinrich Borowski: *Gemein-nüzzige Naturgeschichte des Thierreichs*, Bd. 2, Berlin/Stralsund 1781, Taf. Av XXV | **73** Riesenalk, aus: John James Audubon: *The Birds of America*, Bd. 4 (Faksimile-Neudruck der Ausgabe London 1835–1838), New York/Amsterdam 1972 (gr.2° 306296-4), Taf. 341 | **75** Dieffenbach-Ralle, aus: John Richardson & John Edward Gray (Hrsg.): *The Zoology of the Voyage of H.M.S. Erebus & Terror*, Bd. 1, London 1844–1875 (4° Lk 12095-1), Taf. 15 | **76** Kupferfadenelfe, aus: John Gould: *A Monograph of the Trochilidae, or Family of Humming-birds*, Bd. 3, London 1861 (gr.2° Lo 4925-3), Taf. 130 | **78** Neuseeländische Schwarzbrust-wachtel, aus: Walter Lawry Buller: *A History of the Birds of New Zealand*, London 1873 (4° Lo 7880), Taf. zu S. 161 | **80** *Nestor notabilis* (für Norfolk-Kaka), aus: Walter Lawry Buller: *A History of the Birds of New Zealand*, London 1873, Taf. zu S. 39 | **83** Stephens-Island-Schlüpfer, aus: Lionel Walter Rothschild: *Extinct Birds*, London 1907, Foto: Wikimedia Commons | **84** Huia, aus: Walter Lawry Buller: *A History of the Birds of New Zealand*, London 1873, Taf. zu S. 63 | **89** Wandertaube, aus: John James Audubon: *The Birds of America*, London 1827–1829 (Libri impr. rari fol. 291), Taf. 31 | **91** Heidehuhn, aus: John James Audubon: *The Birds of America*, Bd. 2 (Faksimile-Neudruck der Ausgabe London 1831–1834), New York/Amsterdam 1972, Taf. 186 | **92** Karolinasittich, aus: John James Audubon: *The Birds of America*, London 1827–1829, Taf. 26 | **95** Rosenkopfente, aus: Edward C. Stuart Baker: *The Indian Ducks and Their Allies* (50 MB 4195), London 1908, Taf. IV | **96** Laysan-Apapane, aus: Lionel Walter Rothschild: *The Avifauna of Laysan and the Neighbouring Islands*, London 1893–1900 (2° Lo 7954), Taf. zu S. 3 | **99** Hawaii-Akialoa, aus: Lionel Walter Rothschild: *The Avifauna of Laysan and the Neighbouring Islands*, London 1893–1900, Taf. zu S. 83 | **102** Elfenbeinspecht, aus: John James Audubon: *The Birds of America*, London 1827–1829, Taf. 66 | **105** Spix-Ara, aus: Johann Baptist von Spix: *Avium Species novae, quas in itinere per Brasiliam ...*, München 1824 (2° Lo 7660-1), Taf. XXIII | **107** *Rhipidura rubrofrontata* (für Guam-Fuchs-fächerschwanz), aus: John Gould: *The Birds of New Guinea and the Adjacent Papuan Islands*, Bd. 1, London 1875–1888 (gr.2° Lo 7892-1), Taf. 26 | **108** Schuppenkehlmoho, aus: Scott Barchard Wilson: *Aves Hawaiienses. The Birds of the Sandwich Islands*, London 1890–1899 (4° Lo 7946), Teil 1 (1890) | **113** Gravenche, aus: Carl Vogt & Bruno Hofer: *Die Süsswasserfische von Mittel-Europa*, hrsg. v. Wilhelm Grote, Bd. 2, Leipzig 1908 (2° Lo 23247-2), Taf. XV | **114** Bodensee-Kilch, aus: Conrad Gessner: *Medici Tigurini Historiæ Animalium*, Bd. 4, Zürich 1558 (2° Lk 3600-4<a>), S. 38 | **116** Furu, aus: John Anderson: *Zoology of Egypt. The Fishes of the Nile*, Bd. 3, London 1907 (4° Lv 13348-3), Taf. LXXXIX | **120** Elefanten-schildkröten von Galapagos (für Pinta-Riesenschildkröte), aus: Alfred Edmund Brehm: *Brehms Thierleben. Die Kriechthiere und Lurche*, Abt. 3, Bd. 1, Leipzig 1883 (50 MB 44-7), Taf. zu S. 43 | **123** Kapverdischer Riesenskink, aus: Alphonse Trémeau de Rochebrune: *Faune de la Sénégambie. Reptiles*, Bd. 4, Paris 1884 (4° Lv 13326-4/5), Taf. XIII | **125** *Rana brama*, aus: Joseph Brodtmann: *Naturgeschichte und Abbildungen der Reptilien*, Bd. 3, Schaffhausen 1833 (Lk 4296-3, Abb.), Taf. 91 | **128** Uraniafalter, aus: James Duncan: *The Natural History of Foreign Butterflies*, Edinburgh 1837, Taf. 29 | **130** Kurzflügelkäfer (Detail), aus: Edmund Reitter: *Fauna Germanica. Die Käfer des Deutschen Reiches*, Bd. 2, Stuttgart 1909 (Ls 7337-2), Taf. 48 | **135** Zestos-Dickkopffalter, aus: Jacob Hübner: *Zuträge zur Sammlung exotischer Schmettlinge*, Augsburg 1823 (4° Lt 5981-1/4), Taf. 105 | **136** Felsengebirgsschrecke (Detail), aus: *Annual Report of the United States Entomological Commission Relating to the Rocky Mountain Locust* 1, 1877 (Mn 19256-1/2), Taf. 1 | **139** Baumschnecken, aus: Henry Edward Crampton: *Studies on the Variation, Distribution, and Evolution of the Genus Partula. The Species of the Mariana Islands, Guam and Saipan*, Bd. 2, Washington, D. C. 1925 (4° Ab 7543-228, A), Taf. 14.

物种索引

突出显示的页码指的是插图页。

157

伯恩哈德·凯格尔（BERNHARD KEGEL），1953 年出生于柏林，在柏林自由大学学习化学和生物学，然后从事研究工作，担任生态学专家和讲师。自1993 年以来，他出版了许多小说和非小说类书籍。伯恩哈迪·克格尔的作品已获多个新闻奖。最近由杜蒙出版社出版的作品有《以退为进》（2018）和《未来的自然》（2021）。作家本人居住在柏林。

柏林国家图书馆的普鲁士文化资产馆是一个文献中心，也是世界上最重要的图书馆之一。它成立于 1661 年，当时名为施普雷河畔的科伦选帝侯图书馆，它今天的藏品包括 1100 多万份印刷出版物、不断增加的电子资源以及广泛的特殊藏品，这些藏品往往独一无二，如音乐亲笔签名、西方和东方的手稿、古籍、稀有和珍贵书籍、地图和历史报纸。作为一个档案馆，它的任务是在它位于菩提树下大街和文化论坛的两座大楼内收集和永久保存国家和世界文化遗产。其网址为 www.staatsbibliothek-berlin.de。